电力系统地级调控实用培训技术丛书

地级调控事故分析与处理

主 编 杨 斌

西南交通大学出版社

·成 都·

图书在版编目（ＣＩＰ）数据

地级调控事故分析与处理 / 杨斌主编. —成都：
西南交通大学出版社，2020.12
ISBN 978-7-5643-7718-2

Ⅰ. ①地… Ⅱ. ①杨… Ⅲ. ①电力系统调度 – 事故分
析②电力系统调度 – 事故处理 Ⅳ. ①TM73

中国版本图书馆 CIP 数据核字（2020）第 189889 号

Diji Tiaokong Shigu Fenxi yu Chuli
地级调控事故分析与处理

主　编／杨　斌

责任编辑／李芳芳
封面设计／何东琳设计工作室

西南交通大学出版社出版发行
（四川省成都市金牛区二环路北一段 111 号西南交通大学创新大厦 21 楼　610031）
发行部电话：028-87600564　028-87600533
网址：http://www.xnjdcbs.com
印刷：成都蓉军广告印务有限责任公司

成品尺寸　185 mm×260 mm
印张　8　　字数　197 千
版次　2020 年 12 月第 1 版　　印次　2020 年 12 月第 1 次

书号　ISBN 978-7-5643-7718-2
定价　24.00 元

图书如有印装质量问题　本社负责退换
版权所有　盗版必究　举报电话：028-87600562

《地级调控事故分析与处理》
编 委 会

主　编　　杨　斌

副主编　　尹　琦　　肖　刚　　邓　颖

编　委　　张　勇　　曾　华　　陈玉洁　　黄　潇

　　　　　丁茂桃　　徐　艳　　张　帆　　喻　伟

　　　　　赵琪娟　　郑　韵　　陈　翔　　安　琪

　　　　　丁　睿　　程　钢　　王国林　　刘　卫

　　　　　叶　倩　　黎　越　　雷筱权　　康　宁

　　　　　李近朱　　金　磊　　夏　天　　汪敬坤

前 言
PREFACE

随着电网规模的不断扩大，电网设备数量不断增多，设备出现异常及跳闸等状况也随之急剧增多，相应的处理工作量也大量增加。调度人员对标准、规范、技术资料掌握与否，能否在设备异常及事故处理中正确实施各类要求，将直接影响电网和设备的安全运行。为给地级调度人员培训提供系统、实用的培训教材，提高调控人员对设备异常及事故处理的认识，确保设备异常及事故处理的正确性，造就一支能力强、业务精、能打硬仗的调控队伍，德阳供电公司组织编写了《电力系统地级调控实用技术培训丛书》——《地级调控事故分析与处理》。

本书总结多年调控培训实践的结果，集中多位专家、优秀人材和调控专业人员的集体智慧，结合《国家电网公司电力安全工作规程（变电部分）》《国家电网公司电力安全工作规程（线路部分）》《四川电力系统调控管理规程》《四川电力系统电气设备事故处理规程》，按照统一标准和要求编写。

本书详述了电力系统调度设备异常及事故处理的基本要求与相关知识，列举了各类设备的异常及事故处理的实例，其内容覆盖了 220 kV 及以下各电压等级、各种类型接线方式，具有通用性和可操作性。该书的出版将对地级调控人员，特别是新进调控人员有较大的指导意义和实用性。

本书的编写是贯彻落实国网公司有效开展人才培养和教育培训的重要举措，是提升调度人员素质和保证电网安全稳定运行的重要支撑。本书的出版将有效加快调控人员能力培养提升，也将提高调度技能培训的针对性和有效性。

由于编写时间仓促，水平有限，难免存在不足和疏漏之处，恳请各位专家和读者提出宝贵意见，以便进一步补充和完善。

编 者

2020 年 6 月

目 录
CONTENTS

第 1 章　异常与事故处理基础知识

1.1　缺陷的分类 …………………………………………………001
1.2　缺陷类别的判别 ……………………………………………001
1.3　引发电网事故的主要因素 …………………………………002
1.4　按事故范围对事故的分类 …………………………………002
1.5　电网常见事故 ………………………………………………002
1.6　短路的现象及后果 …………………………………………003
1.7　事故处理一般原则 …………………………………………003
1.8　事故后向调度汇报内容要求 ………………………………003
1.9　事故时对各人员及单位的要求 ……………………………004
1.10　电力系统的稳定运行及稳定分类 ………………………004
1.11　各类稳定的含义 …………………………………………004
1.12　保证电力系统安全稳定的"三道防线" …………………005

第 2 章　线路异常事故处理

2.1　大电流接地系统与小电流接地系统 ………………………006
2.2　小电流接地系统接地故障的处理 …………………………006
2.3　对跳闸线路送电前应注意的问题 …………………………007
2.4　线路跳闸不宜强送的情况 …………………………………008
2.5　线路自动重合闸的基本要求 ………………………………008
2.6　常见线路保护 ………………………………………………009

2.7　不对称相继速动与双回线速动保护的原理 ……………………………………………009

2.8　案例分析一 …………………………………………………………………………011

2.9　案例分析二 …………………………………………………………………………014

2.10　案例分析三 ………………………………………………………………………015

2.11　案例分析四 ………………………………………………………………………016

2.12　案例分析五 ………………………………………………………………………017

2.13　案例分析六 ………………………………………………………………………018

第3章　变压器异常及事故处理

3.1　变压器异常运行和故障的类型 ……………………………………………………021

3.2　运行变压器应立即停电处理的情况 ………………………………………………021

3.3　变压器事故跳闸的处理原则 ………………………………………………………021

3.4　消除变压器事故过负荷的方法 ……………………………………………………022

3.5　变压器冷却装置故障的处理原则 …………………………………………………022

3.6　主变滑档的处理原则 ………………………………………………………………023

3.7　变压器保护的配置 …………………………………………………………………023

3.8　变压器中性点保护 …………………………………………………………………024

3.9　案例分析一 …………………………………………………………………………025

3.10　案例分析二 ………………………………………………………………………027

3.11　案例分析三 ………………………………………………………………………028

3.12　案例分析四 ………………………………………………………………………030

第4章　母线事故处理

4.1　母线事故的判断 ……………………………………………………………………033

4.2　母线故障停电的一般处理原则 ……………………………………………………033

4.3　双母线接线差动保护动作使母线停电的处理原则 ………………………………033

4.4　成套母线保护装置中的保护配置 …………………………………………………034

4.5　母线保护与其他保护及自动装置的配合 …………………………………………034

4.6　常见母差保护的动作原理 …………………………………………………………035

4.7　案例分析一 …………………………………………………………………………036

4.8　案例分析二 …………………………………………………………………………039

4.9　案例分析三 …………………………………………………………………………041

4.10　案例分析四 ………………………………………………………………………044

4.11　案例分析五 ………………………………………………………………………045

4.12　案例分析六 ………………………………………………………………………047

第5章　开关异常及事故处理

5.1　开关分类 ·· 049

5.2　开关常见故障 ·· 049

5.3　开关闭锁及控制回路断线的危害 ··· 049

5.4　停用异常开关时应考虑的问题 ··· 049

5.5　开关异常的处理总思路 ·· 050

5.6　220 kV 变电站 110 kV 开关分合闸闭锁处理 ······························· 050

5.7　110 kV 变电站 110 kV 开关分合闸闭锁处理 ······························· 052

5.8　案例分析一 ·· 052

5.9　案例分析二 ·· 054

5.10　案例分析三 ·· 055

5.11　案例分析四 ·· 057

5.12　案例分析五 ·· 058

5.13　案例分析六 ·· 059

5.14　案例分析七 ·· 060

第6章　刀闸异常处理

6.1　刀闸缺陷的一般处理原则 ·· 063

6.2　标准双母线带旁路接线方式刀闸发热处理 ··································· 063

6.3　旁路兼母联接线方式刀闸发热处理 ·· 064

6.4　带简易旁母接线刀闸发热处理 ··· 064

6.5　内桥接线刀闸发热处理 ·· 064

6.6　外桥接线进线刀闸发热处理 ·· 064

6.7　案例分析一 ·· 065

6.8　案例分析二 ·· 066

6.9　案例分析三 ·· 067

6.10　案例分析四 ·· 068

6.11　案例分析五 ·· 069

6.12　案例分析六 ·· 070

6.13　案例分析七 ·· 071

6.14　案例分析八 ·· 072

6.15　案例分析九 ·· 074

第7章　电压互感器异常处理

7.1　电压互感器所接入的保护与自动装置 ··· 076

7.2 TV 故障类型 ·· 076

7.3 TV 故障处理 ·· 077

7.4 案例分析一 ··· 077

7.5 案例分析二 ··· 078

7.6 案例分析三 ··· 080

7.7 案例分析四 ··· 081

第8章 综合型异常事故处理

8.1 案例分析一 ··· 083

8.2 案例分析二 ··· 086

8.3 案例分析三 ··· 089

8.4 案例分析四 ··· 093

8.5 案例分析五 ··· 095

8.6 案例分析六 ··· 097

8.7 案例分析七 ··· 098

8.8 案例分析八 ··· 0100

第9章 监控信息异常事故处理

9.1 设备监控概述 ·· 103

9.2 设备监控对象 ·· 103

9.3 设备遥控操作 ·· 104

9.4 监控信息分析 ·· 104

9.5 设备监控信息流架构 ··· 105

9.6 设备监控信息运维 ··· 106

9.7 案例分析一 ··· 106

9.8 案例分析二 ··· 107

9.9 案例分析三 ··· 107

9.10 案例分析四 ·· 108

9.11 案例分析五 ·· 109

9.12 案例分析六 ·· 109

附 录 具有双回线路出线的 220 kV 变电站 110 kV 单回线路 开关拒动或保护拒动的故障分析和保护处置方案

第 1 章

异常与事故处理基础知识

1.1 缺陷的分类

（1）危急缺陷：电网设备或非电网设备发生了直接威胁安全运行或全局经营、管理工作并须立即处理的缺陷，若不及时处理则随时可能造成设备损坏、人员伤亡、大面积停电、火灾、经营及管理工作瘫痪、重要信息丢失等事故。

（2）严重缺陷：对人员、设备或生产性建筑物有严重威胁，暂时尚能坚持运行但需尽快处理的缺陷。

（3）一般缺陷：上述危急、严重缺陷以外的设备缺陷，指性质一般、情况较轻、对安全运行影响不大的缺陷。

1.2 缺陷类别的判别

1.2.1 设备发热缺陷类别的判定

对于设备发热缺陷类别的判定，应通过其相对温差和绝对温度来判定。裸铜或裸铜合金材料的触头在空气中最高温度为 75°C，环境温度在 +40°C 时的允许温升为 35°C；用螺栓或其他等效方法联结的导体结合部分（裸铜、裸铜合金和裸铝或裸铝合金）在空气中最高允许温度为 90°C，环境温度在 +40°C 时的允许温升为 50°C。

相对温差是两对应测点之间的温差与其中较热点的温升之比的百分数，如果 T_1 表示较热点的温度，T_2 表示（其他相）正常点的温度，T_0 表示环境温度，则相对温差 ΔT 可用下式求出：$\Delta T = (T_1 - T_2)/(T_1 - T_0) \times 100\%$。

在设备发热时绝对温度（包括温升）超过以上规定的范围时，将其视为温度缺陷，其中 $35\% \leqslant \Delta T \leqslant 80\%$ 为一般缺陷，$80\% < \Delta T \leqslant 95\%$ 为严重缺陷，$95\% < \Delta T$ 为危急缺陷。

1.2.2 设备漏油、漏气缺陷的判定

（1）充油设备通过对该设备滴油的速度来判定缺陷的类别。

多油设备（如变压器、多油开关、电抗器等）：1 滴/60 min ≤ 滴油速度 ≤ 1 滴/2 min 为一

般缺陷，1 滴/2 min < 滴油速度 ≤ 2 滴/min 为严重缺陷，2 滴/min < 滴油速度为危急缺陷。

少油设备（如互感器、少油开关等）：有油滴形成 ≤ 滴油速度 ≤ 1 滴/10 min 为一般缺陷，1 滴/10 min < 滴油速度 ≤ 1 滴/2 min 为严重缺陷，1 滴/2 min < 滴油速度为危急缺陷。

（2）充气设备通过对该设备补气的频率来判定缺陷的类别。

1 次补气/每半年 ≥ 补气频率 ≥ 1 次补气/每年为一般缺陷，1 次补气/每月 > 补气频率 > 1 次补气/每半年为严重缺陷，补气频率 ≥ 1 次补气/每月为危急缺陷。

1.3　引发电网事故的主要因素

（1）主要电气设备的绝缘损坏，如由于绝缘损坏造成发电机、变压器烧毁事故，严重时将扩大为系统失去稳定及大面积停电事故；

（2）电气误操作，如带负荷拉隔离开关、带电挂地线（合接地隔离开关）、带地线合隔离开关等恶性事故；

（3）继电保护及自动装置拒动或误动；

（4）自然灾害，包括大雾、暴风、大雪、冰雹、雷电等恶劣天气引起线路倒杆、断线、引线放电等事故；

（5）绝缘子或绝缘套管损坏引起的事故；

（6）高压开关、隔离开关机构问题引起高压开关及隔离开关带负荷自分；

（7）系统失稳，大面积停电；

（8）现场不能正确汇报造成事故或事故扩大。

1.4　按事故范围对事故的分类

电力系统事故依据事故范围大小可分为两大类，即局部事故和系统事故。

（1）局部事故，指系统中个别元件发生故障，使局部地区电压发生变化，用户用电受到影响的事件。

（2）系统事故，指系统内主干联络线路跳闸或失去大电源，引起全系统频率、电压急剧变化，造成供电电能数量或质量超过规定范围，甚至造成系统瓦解或大面积停电的事件。

1.5　电网常见事故

在电网运行中，最常见同时也是最危险的故障是各种形式的短路，其中以单相接地短路为最多，而三相短路则较少，对于旋转电机和变压器还可能发生绕组的匝间短路。

此外输电线路有时可能发生断线故障及在高压电网中出现非全相运行，或电网在同一时刻发生几种故障的复杂故障。

1.6　短路的现象及后果

（1）电网中部分地区的电压大幅度降低，使广大用户的正常工作遭到破坏。例如，当电气设备的工作电压降低到额定电压的40%，持续时间大于1 h，电动机就可能停止运转。

（2）短路点通过很大的短路电流，引起电弧使故障设备烧毁。

（3）电网中故障设备和某些无故障设备，在通过很大的短路电流时会产生很大的电动力和高温，使这些设备遭受破坏或损伤，从而缩短使用寿命。

（4）破坏电网内各发电厂机组并列运行的稳定性，使机组间产生振荡，严重时甚至可能使整个电网瓦解。

1.7　事故处理一般原则

系统各级调度机构的值班调度员是系统异常及事故处理的指挥者，按调度管辖范围划分事故处理权限和责任。事故处理时，各级值班人员应做到：

（1）迅速限制事故的发展，消除事故的根源，解除对人身、设备和电网安全的威胁；

（2）用一切可能的方法保持正常设备的运行和对重要用户及厂、站用电的正常供电，迅速恢复系统各电网、发电厂间并网运行；

（3）尽快恢复对已停电的地区或用户供电；

（4）调整系统运行方式，使其恢复正常；

（5）按规定及时汇报故障及处置情况，并告知有关单位和提出事故原始报告。

为防止事故扩大，厂站运行值班员应不待调度指令自行进行以下紧急操作，但事后须尽快报告值班调度员：

（1）将直接对人身和设备安全有威胁的设备停电；

（2）将故障停运已损坏的设备隔离；

（3）当厂（站）用电部分或全部停电时，恢复其电源；

（4）电压互感器或电流互感器发生异常情况时，厂站运行值班员应迅速按现场规程规定调整保护；

（5）其他在厂站现场规程中规定可以不待调度指令自行处理者。

1.8　事故后向调度汇报内容要求

（1）系统发生事故后，事故发生单位及有关单位应准确、及时、扼要的向值班调度员报告事故概况，主要内容包括：事故发生的时间及现象、开关变位情况（开关名称、编号、跳闸时间），保护和自动装置动作情况、频率、电压和负荷潮流变化情况、设备状况及天气情况等。

（2）待情况查明后，再迅速详细汇报故障测距及电压、潮流的变化等，必要时还应向上级调度机构传送录波图及现场照片等材料。

（3）当地区电网发生影响省调管辖系统安全运行的事故时，地调值班调度员应一面处理事故，一面将事故简要情况汇报省调值班调度员。事故处理完毕后，还应向省调值班调度员汇报事故详细情况并及时提出事故原始报告。

1.9 事故时对各人员及单位的要求

（1）事故发生时，各级值班人员应迅速正确地执行值班调度员的调度指令，凡涉及对系统有重大影响的操作，须取得相关值班调度员的指令或许可。

（2）为迅速处理事故和防止事故扩大，上级值班调度员在必要时可越级发布调度指令，但事后应尽速通知有关下级值班调度员。

（3）非事故单位应加强运行监视，做好应付事故蔓延的预想，不得在事故当时向调度部门和事故单位询问事故情况或占用调度电话。

（4）在处理事故时，除有关领导和专业人员外，其他人员应迅速离开调度室，必要时值班调度员可以要求有关专业人员到调度室协商解决处理事故中的有关问题，凡在调度室的人员都应保持肃静。

（5）设备出现故障跳闸后，设备能否送电，现场值班人员应根据现场规程规定，向有关值班调度员汇报并提出要求。

（6）事故处理期间，有关单位的值长、值班长、正值值班员应坚守岗位，保持与值班调度员的联系。确有必要离开岗位时，应指定合格人员接替。

（7）事故处理完毕后，事故单位应整理事故及处理情况记录，并及时报告有关部门。

1.10 电力系统的稳定运行及稳定分类

当电力系统受到扰动后，能自动地恢复到原来的运行状态，或者凭借控制设备的作用过渡到新的稳定状态运行，即为电力系统稳定运行。

电力系统的稳定从广义角度来看，可分为：

（1）发电机同步运行的稳定性问题。根据电力系统所承受的扰动的大小不同，又可分为静态稳定、暂态稳定、动稳定三大类。

（2）电力系统无功不足引起的电压稳定性问题。

（3）电力系统有功功率不足引起的频率稳定性问题。

1.11 各类稳定的含义

（1）电力系统的静态稳定是指电力系统受到小干扰后不发生非周期性失步，自动恢复到起始运行状态。

（2）暂态稳定是指电力系统受到大扰动后，各同步电机保持同步运行并过渡到新的或恢复到原来稳态运行方式的能力，通常指保持第一、第二摇摆不失步的功角稳定，是电力系统功角稳定的一种形式。

（3）动态稳定是指电力系统受到小的或大的扰动后，在自动调节和控制装置的作用下，保持较长过程的运行稳定性的能力，通常电力系统受扰动后不发生发散振荡或持续的振荡，是电力系统功角另一种形式。

（4）电压稳定是指电力系统受到小的或大的扰动后，系统电压能够保持或恢复到允许的范围内，不发生电压失稳的能力。电压失稳可表现为静态失稳、大扰动暂态失稳及大扰动动态失稳或中长期过程失稳。

（5）频率稳定是指电力系统发生有功功率扰动后，系统频率能够保持或恢复到允许的范围内，不发生频率崩溃的能力。

1.12 保证电力系统安全稳定的"三道防线"

"三道防线"是指在电力系统受到不同扰动时对电网保证安全可靠供电的要求：

（1）当电网发生常见的概率高的单一故障时，电力系统应当保持稳定运行，同时保持对用户的正常供电。

（2）当电网发生了性质较严重但概率较低的单一故障时，要求电力系统保持稳定运行，但允许损失部分负荷（或直接切除某些负荷，或因系统频率下降，负荷自然降低）；

（3）当电网发生了罕见的多重故障（包括单一故障发生时继电保护动作不正确等），电力系统可能无法保持稳定，但必须有预定的措施以尽可能缩小故障影响范围和缩短影响时间。

第 2 章

线路异常事故处理

2.1 大电流接地系统与小电流接地系统

我国电力系统中性点接地方式主要有两种：中性点直接接地方式（包括中性点经小电阻接地方式）和中性点不接地方式（包括中性点经消弧线圈接地方式）。

（1）中性点直接接地系统（包括中性点经小电阻接地系统）在发生单相接地故障时，接地短路电流很大，这种系统称为大电流接地系统。

（2）中性点不接地系统（包括中性点经消弧线圈接地系统）在发生单相接地故障时，由于不构成短路回路，接地故障电流往往比负荷电流小得多，故称其为小电流接地系统。

在我国 $X_0/X_1 \leqslant 4 \sim 5$ 的系统属于大电流接地系统，$X_0/X_1 > 4 \sim 5$ 的系统属于小电流接地系统。（X_0 为系统零序电抗，X_1 为系统正序电抗）。

大电流接地系统（直接接地系统）供电可靠性低。这种系统在发生单相接地故障时，出现了除中性点处的另一个接地点，从而构成了短路回路，接地相电流很大，为了防止损坏设备，必须迅速切除接地相甚至三相。

小电流接地系统（不接地系统）供电可靠性高，但对绝缘水平的要求也高。因为这种系统在发生单相接地故障时，不构成短路回路，接地相电流不大，所以不必立即切除接地相，但这时非接地相的对地电压却升高至线电压。

在电压等级较高的系统中，绝缘费用在设备总价格中占相当大比重，降低绝缘水平带来的经济效益非常显著，一般就采用中性点直接接地方式，而以其他措施提高供电可靠性。而在电压等级较低的系统中，一般采用中性点不接地方式以提高供电可靠性。在我国，110 kV 及以上的系统采用中性点直接接地方式，即大电流接地系统常用于 110 kV 及以上电压等级；60 kV 及以下系统采用中性点不直接接地方式，即小电流接地系统常用于 60 kV 及以下电压等级。

2.2 小电流接地系统接地故障的处理

35 kV 及 10 kV 系统为中性点不接地系统或经消弧线圈接地系统，发生单相接地故障应立即进行处理；允许带接地故障运行时间为：电网带一点接地运行、时间最多不超过 2 h。

寻找单相接地故障，首先利用小电流接地装置进行查找，无此装置的变电站则用点熄法查找；在寻找单相接地故障时，应考虑将系统进行分割（例如两台以上变压器并列运行的变电站，可以拉开母线分段开关辨明是哪一段母线接地），逐渐缩小范围来寻找故障点。断开35 kV（10 kV）分段开关分割系统查找接地时，应注意核对站内负荷、运行方式，防止分列运行后站内某台主变过载。

用试拉线路的方法寻找接地，原则如下：

（1）充电备用线路；

（2）双回线并列线路或环状线路；

（3）短时停电不影响对用户供电的联络线；

（4）分支最多、最长、负荷最轻和最不重要的线路；

（5）分支多的线路可与线路检修人员配合，分段查找；

（6）首先拉一般用户的线路，然后拉重要线路，专用线路试拉前应通知用户，并有小电源的线路注意非同期。

在中性点不接地或经消弧线圈接地的电网中，若发现有接地，则应在带接地运行的同时迅速寻找接地的故障点，争取在接地故障发展成相间短路之前将其切断；接地线路查出后，对非重要用户应立即停电处理，对重要专用用户，当无其他电源可以供电时，应尽快通知用户做好停电准备工作后再停运，同时注意监视线路运行状态。并通知有关单位带电巡线查找故障点。

2.3　对跳闸线路送电前应注意的问题

（1）线路跳闸后，为加快事故处理，可进行试送电，在试送电应进行全面考虑。

（2）应正确选择送端，使电网稳定不致遭到破坏。在试送前，要检查重要线路的输送功率是否在规定的限额之内，必要时应降低相关线路的输送功率或采取提高电网稳定的措施，尽量避免用发电厂或重要变电站侧开关强送。

（3）厂站值班员必须对故障跳闸线路的相关设备进行外部检查，并将检查结果汇报，若事故时伴随有明显的故障现象，如火花、爆炸声、电网振荡等，则待查明原因后再考虑能否试送。

（4）试送的开关必须完好，且具有完备的继电保护。无闭锁重合闸装置的，应将重合闸停用。

（5）试送前应对试送端电压控制，并对试送后首端、末端及沿线电压做好估算，避免引起过电压。

（6）线路故障跳闸后，一般允许试送一次。如试送不成功，需再次试送，且须经主管生产的领导同意。

（7）线路故障跳闸，开关切除故障次数已达到规定次数，由厂站值班员根据现场规定，向相关调度汇报并提出处理建议。

（8）当线路保护和高抗保护同时动作而造成线路跳闸时，事故处理应考虑线路和高抗同时故障的情况，在未查明高抗保护动作原因和消除故障前不得试送；如线路允许不带电抗器运行，可将高抗退出后再对线路试送。

（9）有带电作业的线路故障跳闸后，若明确要求停用线路重合闸或故障跳闸后不得试送者，在未查明原因且工作人员撤离现场之前不得强送。

（10）强送端的运行主变压器应至少有一台中性点接地。对带有终端变压器的 220 kV 线路强送电，终端变压器的中性点必须接地。

2.4 线路跳闸不宜强送的情况

（1）空充电线路；

（2）试运行线路；

（3）线路跳闸后，经备用电源自动投入已将负荷转移到其他线路上，不影响供电；

（4）电缆线路；

（5）有带电作业工作并申明不能强送电的线路；

（6）线路变压器组开关跳闸，重合不成功；

（7）运行人员已发现明显故障现象时；

（8）线路开关有缺陷或遮断容量不足的线路；

（9）已掌握有严重缺陷的线路（水淹、杆塔严重倾斜、导线严重断股等）；

（10）除上述情况外，线路跳闸，重合闸动作重合不成功，按规程规定或请示总工程师批准可进行强送电一次，必要时经总工程师批准可多于一次。强送电不成功，有条件的可以对线路零起升压。

2.5 线路自动重合闸的基本要求

（1）当由值班人员手动跳闸或通过遥控装置跳闸时、手动合闸且由于线路上有故障，而随即被保护跳闸时，收到对侧断路器保护所发出的远跳信号而跳闸时，自动重合闸不应动作。

（2）除上条情况外，当开关由继电保护动作或其他原因跳闸后，重合闸均应动作，使开关重新合上。

（3）自动重合闸装置的动作次数应符合预先的规定，如一次重合闸就只应实现重合一次，不允许第二次重合。

（4）自动重合闸动作以后，一般应能自动复归，准备好下一次故障跳闸的再重合。

（5）应能和继电保护配合实现前加速或后加速故障的切除。

（6）在双侧电源的线路上实现重合闸时，应考虑合闸时两侧电源间的同期问题，即能实现无压检定和同期检定。

（7）当开关处于不正常状态（如气压或液压过低等）而不允许实现重合闸时，应自动地将自动重合闸闭锁。

（8）自动重合闸宜采用控制开关合闸装置位置与开关位置不对应的原则来启动重合闸。

2.6　常见线路保护

220 kV 及以上电压等级线路和重要 110 kV 联络线路上，一般都配置利用两端电气量的纵联保护和利用单端电气量的后备保护。

纵联保护的启动元件按躲过最大负荷电流下的不平衡电流整定，并保证在被保护线路末端故障时有足够灵敏度。因为在系统振荡期间，阻抗元件会误动作，早期的纵联距离保护在电流变化量元件起动之后，只短时开放一段时间，然后就一直闭锁直到整组复归。现在的数字式纵联距离保护都具备了和距离保护相同的可靠振荡闭锁元件，在振荡闭锁期间如果发生故障，振荡闭锁元件判断出有故障，开放纵联距离保护，即纵联距离保护是一直投入的，不再为了躲过振荡而闭锁。

110 kV 及以上线路配置有三段式接地距离保护和三段式相间距离保护。通常接地距离Ⅰ段和相间距离Ⅰ段分别按线路全长的 70% ~ 80%整定，以确保定值整定范围不伸入对端母线。接地距离Ⅱ段和相间距离Ⅱ段阻抗值按确保线路末端发生金属性故障有足够灵敏度整定。相间距离Ⅲ段按躲线路最大事故过负荷电流并在本线路末故障有足够灵敏度整定，同时力争能做相邻线路和变压器的后备保护。接地距离Ⅲ段阻抗值取与相间距离Ⅲ段相同值。

110 kV 及以上线路配置方向零序电流保护。由于方向零序电流Ⅰ段保护范围短，适应系统运行方式变化的能力差，在电网发生连续故障时，还可能由于网架的变化而导致误动。许多电网的方向零序电流Ⅰ段的保护功能完全可以由双套允许接地电阻较大的接地距离保护Ⅰ段代替，将方向零序电流Ⅰ段和零序电流不灵敏Ⅰ段保护都停用。由于接地距离Ⅱ段定值确保了被保护线路末端故障有灵敏度，方向零序电流Ⅱ段的整定可适当简化，按规程规定与相邻线纵联保护配合，即躲相邻线末端最大接地短路电流整定。方向零序电流保护的Ⅲ段定值按保线路高阻接地时有一定灵敏度整定。对线路配置的为四段式方向零序电流保护的微机保护装置，通常零序Ⅳ段只作为零序电流启动元件定值，时间取最大值。方向零序电流保护Ⅱ段带方向，零序电流Ⅲ、Ⅳ段和不灵敏Ⅱ段不带方向。

2.7　不对称相继速动与双回线速动保护的原理

为实现全线速动，220 kV 及以上线路和较重要的 110 kV 线路一般配置光纤纵差保护或高频保护。虽然高频保护或光纤纵差保护具有全线速动的优点，但是必须依赖通道，从而大大增加了成本及维护费用。相继速动保护可根据一侧开关跳闸后引起的电流变化使另一侧跳闸，从而加速距离保护二段跳闸以较快的速度切除故障，使一段无法保护的线路末端的故障也能快速切除。此类全线速动的单端保护简单易行而且十分经济。使得 110 kV 及以下线路在无须增加通道成本、无须增加硬件和过多二次回路接线的前提下实现了"全线速动"，扩大了瞬时保护范围，使故障切除时间节省了至少约 300 ms。

相继速动中的不对称相继速动和双回线相继速动是两种不同原理全线速动特性的单端保护。

不对称相继速动保护是利用故障被对侧保护切除后引起的负荷电流的变化来判定不对称故障区段，从而加速Ⅱ段保护。不对称相继速动可快速切除发生在线路两侧有电源的线路上（包括双回线上）的不对称短路。在不对称相继速动功能投入的前提下，不对称相继速动需满足两个条件：距离Ⅱ段元件动作；先是三相均有流，随后有任一相负荷电流消失。

不对称相继速动保护动作原理如图2-1所示。对双回线AB1、AB2，当AB2线线路末端（即靠近B站侧）发生不对称故障时，A站侧152开关距离Ⅱ段元件动作，而B站侧172开关距离Ⅰ段保护动作快速切除故障。由于B站三相跳闸，非故障相（A、C）电流同时被切除，A站侧152保护测量到A、C相负荷电流突然消失，而其Ⅱ段距离元件连续动作不返回时，A站AB2线152开关将不经距离Ⅱ段延时立即跳闸，将故障切除。对于A站的AB1线151开关，虽然在故障发生时其距离Ⅱ段也启动，但在B站AB2线172开关跳闸后，A站AB1线151开关A、B、C三相电流为向B站供电的负荷电流，即A、C两非故障相电流未消失，A站AB1线151开关不对称相继速动不会动作，从而保证了选择性，不会误动。

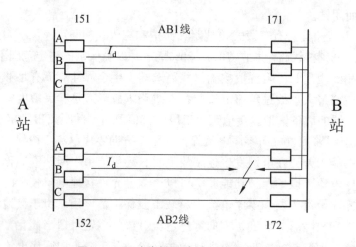

图2-1　不对称相继速动保护动作原理

输电线的故障有单相短路接地故障、两相短路接地故障和相间故障及三相短路故障。其中单相短路故障的机率最大，其次是两相接地短路。两者合计即不对称故障约占输电线路故障总数的90%。因此，不对称故障相继速动保护原理在110 kV线路中广泛运用的意义是很显著的。

双回线相继速动保护是利用双回线上的两个距离继电器的相互闭锁回路，巧妙地实现了相继速动功能。该方案简单可靠、性能良好，不但适用于不对称故障，而且适用于对称故障，是一种简单实用的加速方案。双回线相继速动可快速切除发生在双回线上各种短路。在双回线相继速动功能投入的前提下，双回线相继速动需满足以下三个条件：

（1）距离Ⅱ段继电器动作；

（2）收到邻线来的FXJ信号，其后FXJ信号消失；

（3）距离Ⅱ段继电经小延时（一般为80 ms）不返回。

发FXJ信号的条件为：在并列双回线两条线路的双回线相继速动投入的前提下，当一回线线路保护Ⅲ段距离元件动作或其他保护跳闸时，将输出FXJ信号，闭锁另一回线Ⅱ段距离相继速跳元件。

双回线相继速动保护动作原理如图2-2所示。对A站侧AB1线151开关、AB2线152开关的线路保护，当AB2线路末端故障时（靠B站侧），两者Ⅲ段距离元件均动作，151将输出FXJ信号闭锁152的Ⅱ段距离相继速动保护，152也同时输出FXJ信号闭锁151的Ⅱ段距离相继速动保护。对于故障线路AB2，B站侧172开关线路保护距离Ⅰ段将瞬时动作跳开172开关，在 172 开关跳闸后，A 站 AB1 线 151 开关线路保护感受不到故障电流，其距离继电器返回，向 152 开关发出的 FXJ 信号返回；A 站侧 152 开关线路保护收不到 FXJ 信号，其 II 段距离继电器等待一个短延时（一般为 80 ms）不返回，152 开关将不等 II 段延时立即跳闸。

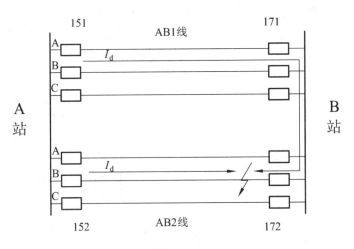

图 2-2　双回线相继速动保护动作原理

不对称相继速动与双回线相继速动两种保护都是加速距离 II 段，属于距离保护，可以理解为不带延时的距离 II 段保护。如果以发生不对称相继速动或双回线相继速动侧为首端，则故障点一般在靠近被保护线路的末端。相继速动保护理论上实现了全线速动，扩大了瞬时保护范围。

2.8　案例分析一

2.8.1　电网及异常情况

案例 1-1　A 站两台主变并列运行，所带负荷性质如图 2-3 所示，目前 A 站使用#1 站变，10 kV 各段母线的总负荷均在 A 站一台主变的容量范围内。

案例 1-2　A 站 10 kV I 母、10 kV II 母母线电压 A 相、C 相电压升高为线电压，B 相电压降为 0 kV。

2.8.2　调度处理要点

（1）由电压现象可判断 A 站 10 kV 存在接地，缩小查找范围，应首先考虑断开 10 kV 分段 930 开关判断接地所在的母线。

（2）此案例设断开 10 kV 分段 930 开关后 10 kV II 母电压恢复正常，10 kV I 母电压仍异常，调度应按查找接地的拉路原则对 A 站 10 kV I 母上的出线进行拉路，查找接地点所在线路，对水厂、铁路信号等重要用户，在拉路前应提前通知其做好准备。若需拉停上网线路，应先通知电厂解列，并强调在得到调度通知前不得并网。若需拉停#1 站用变，应通知现场人员对站用电进行切换。涉及公用线路的拉路，应通知 95598 对用户做好解释工作。若拉开出线开关，接地未消除，则恢复此开关运行，再拉另一回开关。

（3）若对 A 站 10 kV I 母所有出线开关均已拉送一次后，接地未消除，可能存在两种情况：一为有两回（或以上）出线同相接地，二为接地点在 10 kV I 母、10 kV I 母 TV 或主变 10 kV 侧。

（4）对有两回（或以上）出线同相接地的查找时，调度应采取拉路后如接地未消除，则不恢复已拉开关，继续拉停下路开关，直至接地消除的方式进行查找。设对 A 站的 6 回出线开关，调度拉停第一回、第二回接地均未消除，当拉停第三回接地消除，可判断第三回必定存在接地，第一回与第二回至少一条存在接地，且接地相与第三回相同。调度可送出第一回，如未出现接地，则第一回正常，如出现接地，拉停第一回后，再送第二回。

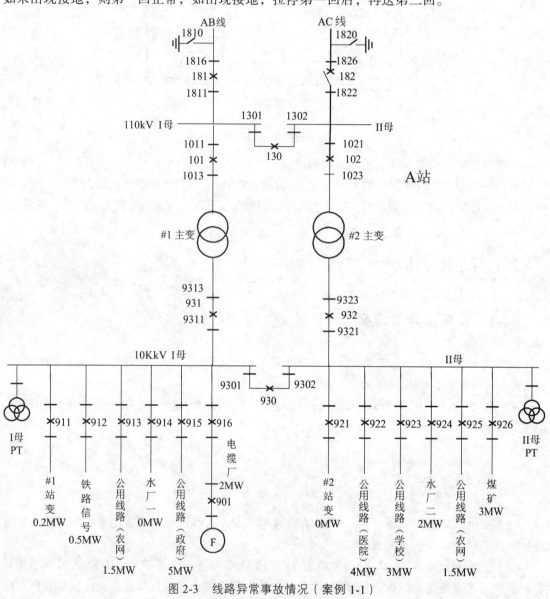

图 2-3　线路异常事故情况（案例 1-1）

（5）若拉开 10 kV 母线上所有出现开关后，接地仍未消除，调度可下令拉停 #1 主变 10 kV 总路 931 开关后拉停 10 kV I 母 TV。再通过 10 kV 分段 930 开关送出 10 kV I 母空母线，如 10 kV

Ⅱ母 TV 显示接地，证明接地点在 10 kV Ⅰ母及相关设备上，应将 10 kV Ⅰ母停电进行检查。如送出 930 开关后 10 kV Ⅱ母 TV 电压正常，可合上#1 主变 10 kV 总路 931 开关，如电压仍正常，可判断接地点在 10 kV Ⅰ母 TV 侧，调度可恢复 10 kV Ⅰ母已拉停的出线开关，并通知检修人员；如合上#1 主变 10 kV 总路 931 开关后出现接地，可判断接地点在#1 主变 10 kV 侧，则拉开#1 主变 10 kV 总路 931 开关，由#2 主变带全站负荷，按现场要求停用#1 主变进行检查。

2.8.3 出现接地时调度处置的注意点

此案例中 A 站如果仅有一台主变运行，另一台主变检修或备用，调度人员不应按惯性思维直接采取拉 10 kV 分段 930 开关来查找故障，以免造成 10 kV 一段母线失压的后果。

调度在下令拉开分段开关缩小查找接地点的范围时，应注意不得使主变过负荷。如图 2-4 所示，注意 A 站各侧数据，虽然 501、502 数据均为 34 MW，但如果 530 开关断开，35 kV Ⅰ母 511、512 开关负荷总共达 46 MW，将由#1 主变承担，再加上 10 kV 负荷，#1 主变将过载，因此，不能直接拉开 530 开关，应由县调或者地调调整方式，确保主变分列运行不过载后，方能拉开 530 开关进行系统分割。

当一变电站出现 10 kV、35 kV 接地时，调度人员在查明接地点前，在对应母线带电的情况下不得轻易下令拉开相关设备的母线刀闸。如图 2-4 所示，因工作要求将需将 A 站#1 主变 10 kV 侧 931 开关转冷备用，但现 A 站显示 10 kV 系统接地，且接地点在尚未查明。调度人员在查明 10 kV 接地点前，不得将#1 主变 10 kV 侧 931 开关转冷备用。原因在于：当 10 kV 系统接地时，接地点将流过此 10 kV 系统的对地电容电流，若接地点正好位于#1 主变 10 kV 侧 9311 刀闸至 931 开关间，在 A 站 10 kV Ⅰ母带电的情况下拉开 9311 刀闸，相当于带负荷拉刀闸，造成事故。

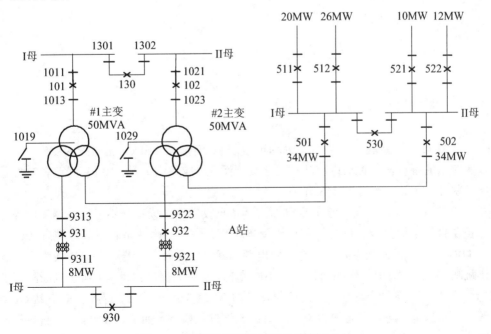

图 2-4 线路异常事故情况（案例 1-2）

2.9 案例分析二

2.9.1 电网及异常情况

电网及异常情况如图 2-5 所示。

（1）A 站供 B 站、F 站负荷；C 站供 G 站负荷，110 kVGF 线 182 开关对线路充电；

（2）F 站启用 110 kV 线路备自投；

（3）A 站 110 kVAB 线 151 开关保护动作跳闸，重合闸动作重合不成功；

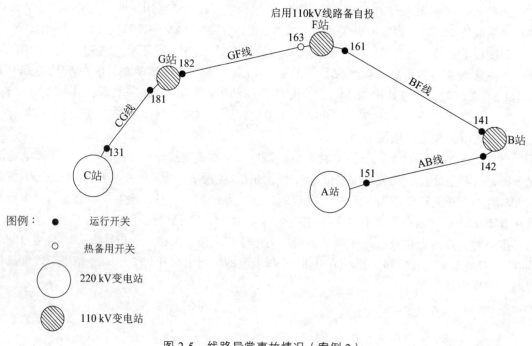

图 2-5　线路异常事故情况（案例 2）

2.9.2 调度处理要点

（1）对 110 kV 线路跳闸重合不成功，而此线路带有启用 110 kV 备自投的变电站，调度应首先核实此站的备自投是否动作成功，就此案例而言，应核实 F 站 110 kV 线路备自投是否正确动作，跳开 161 开关，合上 163 开关。

（2）若启用了 110 kV 备自投的变电站而其备自投未动作或动作不成功，调度应综合分析本站保护及自动装置信号、供电线路保护及自动装置信号，确认是否采取遥控方式，及时将启用了 110 kV 备自投的变电站遥控至备用电源。就此案例而言，若 A 站 AB 线为 I 段线路保护动作跳闸，或 II 段保护动作跳闸且 B 站 BF 线 141 开关无保护启动，可初步判断故障点不在 BF 线上；若 F 站备自投未动作，可遥控断开 F 站 BF 线 161 开关后，遥控合上 F 站 GF 线 163 开关恢复 F 站送电，同时应通知相关人员前往 F 站进行检查；如 F 站 110 kV 线路备自投动作不成功，调度应在现场人员检查后再确定是否对 F 站恢复送电。

（3）对串供线路的事故处理，当跳闸开关为Ⅱ、Ⅲ段保护动作跳闸时，调度人员应考虑越级跳闸的可能性。还应核实串供线路上各变电站的保护及自动装置动作情况，如确认为下级线路、设备故障越级跳闸，可在隔离下级设备后，对上级线路、变电站试送电。就此案例而言，若A站AB线151开关保护，如果为Ⅰ段动作跳闸，在F站由GF线恢复供电后，可停用F站110kV线路备自投，启用F站110kV线路保护及重合闸，拉开B站AB线142开关后，由BF线恢复B站供电。如果A站AB线151开关保护为Ⅱ段（或Ⅲ）动作跳闸，应确认B站站内是否有保护启动而相应开关未跳闸，如有则应在隔离故障后恢复其他设备供电（例如B站141开关Ⅰ段保护动作但141未跳闸，可将BF线两侧开关断开，由AB线恢复B站，由GF线恢复F站）。

（4）调度人员在处理时应及时通知相关人员对线路进行巡线。

2.10 案例分析三

2.10.1 电网及异常情况

电网及异常情况如图2-6所示。

（1）110kVAC线单回供C站，C站无110kV备用电源，C站有重要保电任务，A站和C站均派人现场值守

（2）A站110kVAC线132开关距离Ⅱ段动作跳闸，重合闸动作重合不成功

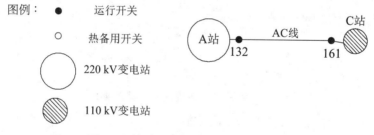

图例：
● 运行开关
○ 热备用开关
⭕ 220kV变电站
🔘 110kV变电站

A站　AC线　C站
132　　　　161

图2-6　线路异常事故情况（案例3）

2.10.2 调度处理要点

（1）因C站有保电任务，且A、C站有人值守，调度可要求现场人员迅速确认A、C站内设备有无异常。

（2）若A、C站的站内一、二次设备均无异常则可采用由A站对线路试送一次方式，若试送成功，则及时恢复C站供电，若试送不成功则需再次试送，应经领导批准并通知保电小组启动现场保电方案。

（3）若A站AC线开关或保护异常，向领导申请采用A站合适开关代AC线132开关对线路试送一次，试送成功恢复C站供电。

（4）无论AC线是否试送成功，均应通知对AC线巡线。

2.11 案例分析四

2.11.1 电网及异常情况

电网及异常情况如图 2-7 所示。

（1）A 站供 E 站、F 站负荷；F 站 35 kV 有小电源上网。

（2）A 站的站内为双主变并列运行方式，一台主变中性点直接接地，一台主变中性点间隙接地。

（3）E 站、F 站的站内均为单主变，其主变中性点均为间隙接地。

（4）A 站、E 站、F 站各变压器配有间隙过压保护，时限为 0.5 s；AE 线、EF 线启用了三段式接地距离保护、三段式相间距离保护，四段式零序段保护，AE 线 A 站侧重合闸为检无压方式，时间 1.5 s。

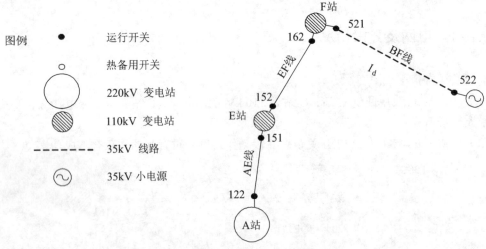

图例
- ● 运行开关
- ○ 热备用开关
- ◯ 220kV 变电站
- ◉ 110kV 变电站
- ----- 35kV 线路
- ◯～ 35kV 小电源

图 2-7　线路异常事故情况（案例 4-1）

（5）A 站 AE 线 122 开关接地距离 I 段保护动作，122 开关跳闸，重合闸动作，重合成功，故障相 A 相，故障测距 4.6 km。E 站#1 主变间隙过压保护动作，主变三侧开关跳闸，F 站#1 主变间隙过压保护动作，主变三侧开关跳闸。

2.11.2 调度处理要点

（1）由于 A 站 AE 线 122 开关接地距离 I 段保护动作，122 开关跳闸，可初步判断故障点在 AE 线上。

（2）由于 E 站、F 站主变间隙过压保护动作，三侧开关跳闸，此情况应在 110 kV 系统失去中性点，且有电源向故障点提供电流的情况下可能出现。若 E、F 站由 A 站供电，A 站有一台主变中性点直接接地，即使在故障情况下，也不会在 E、F 站主变的中性点间隙处产生达到主变间隙过压保护动作跳闸的电压。若 A 站 AE 线 122 开关跳闸后，由 F 站上网的小水电未切除，由其对故障点供电，此时 E、F 站所在 110 kV 系统为中性点不接地系统，可能在 E、F

站主变的中性点间隙处产生达到主变间隙过压保护动作跳闸的电压，使 E、F 站主变三侧开关跳闸，如图 2-8 所示。

（3）在 F 站主变跳闸后，F 站 35 kV 侧的小水电无法上网，无法继续向故障点提供电源，AE 线线路无压，若 AE 线线路上故障点的电弧熄灭，绝缘恢复，A 站 AE 线 122 开关重合闸检无压后动作成功，恢复线路供电。

（4）调度员通过上述分析后，应通知 A 站、E 站、F 站值班人员对站内设备进行检查，特别注意核实 F 站 35 kV 侧 521 开关的状态及其对应小水电站内保护的动作情况及时间。

（5）将 E 站、F 站 35 kV、10 kV 出线转为热备用，为恢复站内主变运行做好准备。

（6）虽然 A 站 AE 线 122 开关重合闸动作，重合成功，仍应通知线路运行维护单位对线路带电巡线，并应汇报领导及相关人员。

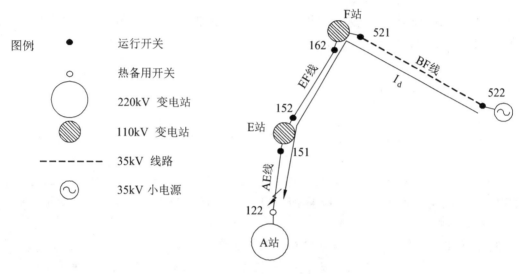

图 2-8　线路异常事故情况（案例 4-2）

（7）在确认 E 站、F 站站内设备检查无异常后，将 E 站、F 站主变由热备用转运行，并逐步送出相关负荷。

（8）由此事故的分析可知，如果事故情况下，相关小水电等电源未及时切除，将增加对故障点的供电时间，并使更多的设备跳闸。为避免再次发生同类事故，调度可向保护人员建议，在有小电上网的变电站，装设小电源联切装置，当此站主变间隙过压或零序过流保护启动后，首先切除小电上网的开关，以免主变各侧开关跳闸。

2.12　案例分析五

2.12.1　电网及异常情况

电网及异常情况如图 2-9 所示。

（1）A 站通过双回线 AB1 线、AB2 线供 B 站；

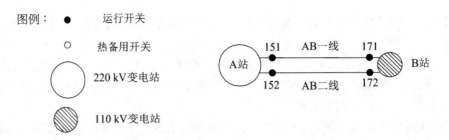

图例: ● 运行开关

○ 热备用开关

○ 220 kV变电站

◍ 110 kV变电站

图 2-9　线路异常事故情况（案例 5）

（2）AB1 线、AB2 线两侧均装设不对称相继速动及双回线相继速动保护；

（3）B 站 AB2 线 172 开关接地距离 I 段保护动作，172 开关跳闸，重合闸动作，重合不成功，故障相 B 相，故障测距 0.8 km；

（4）A 站 AB2 线 152 开关距离保护动作，不对称相继速动保护动作 152 开关跳闸，重合闸动作，重合不成功，故障相 B 相，故障测距 12.3 km。

2.12.2　调度处理要点

（1）根据事故现象可以初步判断：此次事故是由 AB2 线靠近 B 站侧发生 B 相单相接地引起的。

（2）由于 AB1、AB2 线为双回线，当一回线路跳闸后，负荷全部转移至另一回线路，极可能引起另一回线路过载，调度员应采取相关措施，确保 AB1 线不过载，并通知相关人员加强对 AB1 线监视。

（3）由于 B 站未失电，暂不考虑对 AB2 线的强送、试送。

（4）通知 A 站、B 站值班人员对站内设备进行检查，并通知 AB2 线运行维护单位对 AB2 线巡线，线路因处于热备用状态，应视为带电。

（5）注意及时汇报领导及相关人员。

（6）在巡线无异常及 A、B 站站内设备无异常后，经领导同意后对 AB2 线试送电一次。

（7）若巡线发现异常，需对 AB2 线线路停电处理，将 AB2 线转检修；注意应与现场明确线路停送电联系人、工作地点、工作内容、预计处理时间。

（8）若 AB2 线停电处理时间较长，AB1 线负荷重，可通知线路运行维护单位对 AB1 线进行特巡。

2.13　案例分析六

2.13.1　电网及异常情况

电网及异常情况如图 2-10 所示。

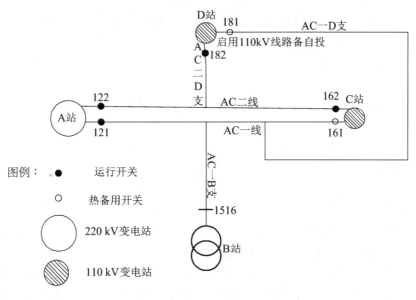

图 2-10　线路异常事故情况（案例 6）

（1）A 站 AC 一线直供 B 站；A 站 AC 二线直供 C、D 站；D 站启用 110 kV 线路备自投；

（2）B 站仅一台主变，T 接于 AC 一线，B 站主变高压侧无开关，作线路变压器组运行，由 A 站 AC 一线 121 开关保护保 B 站主变有灵敏度运行，A 站 AC 一线重合闸停用。因此存在以下问题：

A 站 AC 一线 121 开关线路的保护范围已伸入 B 站 10 kV 母线的 10 kV 出线，B 站 10 kV 母线及出线上故障时，可能出现由 B 站 10 kV 出线开关、B 站主变 10 kV 侧总路开关与 A 站 AC 一线 121 开关同时跳闸或 A 站 AC 一线 121 开关抢先跳闸。

A 站 AC 一线 121 开关线路保护不能保护 B 站主变内部轻微故障。

（3）A 站 110 kVAC 一线 121 开关跳闸。

2.13.2　调度处理要点

（1）由于 B 站为线路变压器组，当 A 站 AC 一线 121 开关跳闸后，可能为 B 站 10 kV 设备的故障，也可能为 B 站主变本体或 AC 一线线路上的故障。调度员必须对相关站的保护情况做详细了解。

（2）了解 A 站故障录波动作情况，如故障录波动作，可判断故障存在，将故障录波所测距离和是否有零序分量作为故障点判断的依据。

（3）若 A 站 AC 一线 121 开关保护动作跳闸，B 站主变瓦斯保护未动作，B 站主变低后备保护启动，且 B 站 10 kV 母线上有出线开关保护启动，对 B 站主变外观检查无异常，可初步判断故障点在 B 站 10 kV 出线上。

（4）若 A 站 AC 一线 121 开关保护动作跳闸，B 站主变瓦斯保护动作跳开 10 kV 侧总路开关，可初步判断故障点在 B 站主变上。

（5）若 A 站 AC 一线 121 开关动作跳闸，B 站主变瓦斯保护、低后备保护及 B 站 10 kV

出线开关均无保护启动，A 站故障录波测距长度，对 B 站主变外观检查无异常，可初步判断故障点在 AC 一线线路上。

（6）无论故障点在何处，调度员均应通知线路运行维护单位对 AC 一线进行事故跳闸后带电巡线，并汇报领导及相关人员。

（7）若 B 站 10 kV 出线设备有保护动作或跳闸信号，则将此设备隔离。在检查 A 站 110 kV 故障录波装置动作情况，现场检查 B 站主变本体无异常，无重瓦斯动作，并将 B 站 10 kV 所有开关转热备用后，经领导确认可对 B 站主变送电，由 A 站 AC 一线 121 开关对 B 站主变充电，充电前应合上 B 站主变中性点接地刀闸，充电正常后拉开。B 站主变充电正常后，恢复站内无故障的 10 kV 设备。

（8）若 A 站 AC 一线 121 开关跳闸，B 站主变重瓦斯保护出口，B 站主变 10 kV 总路开关跳闸。应将 B 站主变转冷备用；检查 A 站站内设备无异常，经领导同意后对 A 站 AC 一线试送电，恢复 AC 一线供电，以作为 C、D 站的备用电源。

（9）若 A 站 AC 一线 121 开关距离、零序保护动作跳闸，同时 B 站 10 kV 母线上出线开关和 B 站主变无任何保护信号，检查 B 站一、二次设备无异常，检查 A 站 110 kV 故障录波装置动作情况，根据 AC 一线故障录波图，可初步判断为 AC 一线线路故障。通知相关县调转供 B 站负荷，并视巡线结果将 AC 一线线路转检修进行处理。

第 3 章

变压器异常及事故处理

3.1　变压器异常运行和故障的类型

（1）变压器的异常运行状态主要有过负荷和油面降低以及油位过高等。

（2）变压器故障可分为内部故障和外部故障。变压器的内部故障又可分为油箱内和油箱外故障两种。油箱内的故障包括绕组的相间短路、接地短路、匝间短路以及铁芯的烧损等。对变压器而言，这些故障都是十分危险的。因为油箱内部故障时产生的电弧将引起绝缘物质的剧烈气化，从而可能引起爆炸，所以这些故障应该尽快切除。油箱外的故障主要是套管和引出线上发生的短路。

此外，还有由于变压器外部相间短路引起的过流，以及由于变压器外部接地短路引起的过电流及中性点过电压，变压器突然甩负荷或空载长线路末端带变压器时产生较高的电压而引起变压器的过励磁等。

3.2　运行变压器应立即停电处理的情况

变压器有下列情况之一者，应立即停电进行处理：

（1）内部声响很大、很不均匀，有爆裂声。

（2）在正常负荷和冷却条件下，变压器温度不正常且不断上升。

（3）油枕或防爆管喷油。

（4）漏油致使油面下降，低于油位指示计的指示限度。

（5）油色变化过甚，油内出现碳质等。

（6）套管有严重的破损和放电现象。

（7）其他现场规程规定者。

3.3　变压器事故跳闸的处理原则

（1）检查相关设备有无过负荷问题。

（2）若主保护（瓦斯、差动等）动作，未查明原因并消除故障前不得送电。

（3）若变压器后备过流保护（或低压过流）动作，在找到故障并有效隔离后，可以试送一次。

（4）有备用变压器或备用电源自动投入的变电站，当运行变压器跳闸时应先启用备用变压器或备用电流器，再检查跳闸的变压器。

（5）若因线路故障，保护越级动作引起变压器跳闸，则故障线路开关断开后，可立即恢复变压器运行。

3.4　消除变压器事故过负荷的方法

变压器事故过负荷时，可采取以下措施消除过负荷情况：投入备用变压器；指令有关调度转移负荷；改变系统接线方式；按有关规定进行拉闸限电。

3.5　变压器冷却装置故障的处理原则

冷却装置通过变压器油帮助绕组和铁芯散热。冷却装置正常与否，是变压器正常运行的重要条件。在冷却设备存在故障或冷却效率达不到设计要求时，变压器是不宜满负荷运行的，更不宜过负荷运行。

油浸（自然循环）风冷和干式风冷变压器，风扇停止工作时，允许的负载和运行时间，应按制造厂的规定。油浸风冷式变压器当冷却系统部分故障停风扇后，顶层油温不超过 65℃ 时，允许带额定负载运行。

在强油循环风冷和强油循环水冷变压器运行过程中，当冷却系统发生故障切除全部冷却器时，变压器在额定负载下允许运行时间不超过 20 min。当油面温度尚未达到 75℃，允许上升到 75℃，但冷却器全停的最长运行时间不得超过 1 h。（其冷控失电保护的定值：冷却器全停保护瞬时作用于事故信号；冷却器全停，20 min 后上层温度达到 75℃ 则作用于跳闸；冷却器全停，60 min 不经油温闭锁直接跳闸）冷却装置部分故障时，变压器的允许负载和运行时间应参考制造厂规定。

强油循环风冷和强油循环水冷变压器，因其冷控失电发信 60 min 后，将不经油温闭锁直接跳闸，对无人值班的变电站应及时进行处理。当冷控失电保护发信后，应密切监视主变的负荷及温升，同时做好在 1 h 后主变跳闸的负荷转移准备。如果主变温升较快，应及时通知调度及用户快速控制负荷，调整运行方式转移负荷，启用紧急拉闸限电序位表拉闸限电等手段，确保 20 min 内冷控失电发信的主变油温低于 75℃。现场人员应迅速到现场检查冷却器全停原因，检查方法为：使用万用表检查冷却器工作电源是否正常；检查冷却器电源切换开关是否正常；如果是电源开关跳闸，应检查回路并合上开关，重新起动，若再跳开时，说明回路内部有故障，应立即查明原因，进行处理，不得强行运行。当暂时不能恢复时，可用变压器旁的检修电源或者启用备用三相发电机对变压器风冷系统供电。如冷控失电保护发信是因主变冷却系统无法正常工作引起，且 1 h 内无法恢复正常，调度应在冷控失电发信后 1 h 内拉停此主变。

3.6 主变滑档的处理原则

在有载变压器进行调压时，由于有载调压装置异常或者故障，可能导致主变运行在非预定档位上，且无法再次调档。

单台主变运行的变压器滑档后，将使变压器中、低压侧电压偏离预设值，可能使电压不合格，降低了供电质量，若电压过高，还可能烧毁设备。并列主变运行中单台变压器滑档后，在并列运行的变压器间产生环流增加损耗，造成主变过载，同时使电压不合格。

当主变滑档时，现场运行人员应采取以下措施处理：

（1）立即按下"紧急分闸"（或"急停"）按钮；

（2）断开调压电动机电源；

（3）使用操作手柄进行手摇调压操作；

（4）调到调度要求档位；

（5）手动调压后仔细倾听调压装置内部有无异音；

（6）若有异常声音，则向调度及相关部门汇报；

（7）确认是否立即将主变停电检修；

（8）对于设有"滑档保护"的主变压器可在确认调压电动机电源已断开后，按以上方式进行处理。

当主变滑档后，调度人员应采取以下方式进行处理：

（1）当单电主变滑档后，应注意检查中低压侧电压是否满足要求，配合使用其他调压手段（例如投、退电容器，改变电网运行方式，调整电源侧电压等），尽量使电压满足运行要求并尽快安排主变停电处理；注意在采取其他调压手段时，不使正常运行设备电压不合格。如果调整电压仍不满足要求或现场确认需将主变停电处理，应迅速将主变停电处理。

（2）当并列运行主变其中一台滑档后，应注意监视主变负荷，防止主变严重过负荷的情况发生。配合使用其他调压手段（例如投、退电容器，改变电网运行方式，调整电源侧电压等），尽量使电压满足运行要求并尽快安排主变停电处理；如果继续运行，可能会因为变压器间环流导致变压器烧毁或现场确认需将主变停电处理，此时则应迅速解除并列运行，必要时可按《变压器运行规程》操作，使正常主变过载，拉停异常主变后再进行负荷的转移。

3.7 变压器保护的配置

变压器短路故障时，会产生很大的短路电流，使变压器严重过热，甚至烧坏变压器绕组或铁芯。特别是变压器油箱内的短路故障，伴随电弧的短路电流可能引起变压器着火。另外，变压器内、外部的故障短路电流产生电动力，也可能造成变压器本体和绕组变形而损坏。

变压器的异常运行会危及变压器的安全，如果不能及时发现处理，会造成变压器故障及损坏变压器。

为确保变压器的安全经济运行，当变压器发生短路故障时，应尽快切除变压器；而当变压器出现不正常运行方式时，应尽快发出报警信号并进行处理。为此，对变压器配置整套完善的保护装置是必要的。

（1）针对短路故障的变压器主保护。

变压器短路故障的主保护主要有纵差保护、重瓦斯保护、压力释放保护。另外，根据变压器的容量、电压等级及结构特点，可配置零差保护及分侧差动保护。

变压器瓦斯保护可反映变压器油箱内部各种短路故障和油面降低。变压器纵差保护能反映变压器绕组和引出线多相短路、大电流接地系统侧绕组和引出线的单相接地短路及绕组匝间短路故障。目前大容量超高压三绕组自耦变压器在电力系统中被广泛应用，其中对于 $220\sim500\text{ kV}$ 的变压器，大电流系统侧的单相接地短路是极容易发生的故障类型之一；变压器零差保护是变压器大电流系统侧内部接地故障的主保护。分侧差动保护是将变压器的各侧绕组分别作为被保护对象，在各侧绕组的两侧设置电流互感器而实现的差动保护。实际上，分侧差动保护多用于超高压大型变压器的高压侧，其优点在于不受变压器励磁电流、励磁涌流、带负载调压及过励磁的影响，与变压器纵差保护相比，其动作灵敏度高、构成简单。而其缺点在于因只接变压器一侧的绕组，对变压器同相绕组的匝间短路无保护作用，且保护范围比纵差小。

（2）针对短路故障的变压器后备保护。

目前电力变压器上采用较多的短路故障后备保护种类主要有：复合电压闭锁过流保护，零序过电流或零序方向过电流保护，负序过电流或负序方向过电流保护，复合电压闭锁功率方向保护，低阻抗保护等。

（3）针对变压器异常运行的保护。

变压器异常运行保护主要有过负荷保护，过励磁保护，变压器中性点间隙保护，轻瓦斯保护，温度、油位保护及冷却器全停保护等。特别应注意，变压器中性点间隙保护的作用是保护中性点不接地的变压器中性点的绝缘安全，不是后备保护，其动作电流、动作电压及动作延时的整定值不需与其他保护相配合。

3.8　变压器中性点保护

当中性点直接接地系统中的变压器正常运行时，系统无零序电流和零序电压，零序保护不动作，当系统发生接地故障时，中性点将出现零序电流，母线将出现零序电压，变压器零序保护就是利用这些电气量的变化而动作的。因此，一般情况下中性点直接接地的变压器的零序电流保护，作为变压器和相邻元件接地短路故障的近后备保护和外部接地故障的远后备保护。

实际运行中不会所有主变中性点均接地运行，中性点不接地的变压器可能由于某种原因使得中性点电压升高而造成中性点绝缘损坏，为了避免系统发生接地故障时，可以在中性点装设放电间隙，放电间隙另一端接地。变压器中性点间隙接地保护采用零序电流继电器与零序电压继电器并联方式。当系统发生接地故障时，中性点电压升高，如果放电间隙击穿接地，放电间隙处将流过一个电流，这个电流相当于在中性点接地的线上流过，利用该电流构成间隙零序电流保护跳开变压器各侧开关；当中性点电压升高到一定值，已危及变压器中性点安全，而放电间隙未击穿，间隙接地的零序过压保护将动作跳开变压器各侧开关；当发生间歇性弧光接地时，间隙保护共用的时间元件不应中途返回，以保证间隙接地保护的可靠动作。

继电保护及安全自动装置规程要求：变压器中性点接地运行时，应投入其零序过流保护并可靠退出其间隙零序过流保护；中性点不接地运行时，应投入其间隙零序过流保护及零序过电压保护。根据实际情况，当间隙过流保护与零序过电流保护使用同一电流互感器时，两者不能同时投入。如图 3-1 所示，若各用各的电流互感器，就可以通过中性点刀闸的位置来控制这两保护的投退，当中性点接地刀闸断开时，相当于变压器中性点不接地运行，此时放电间隙保护投入工作。

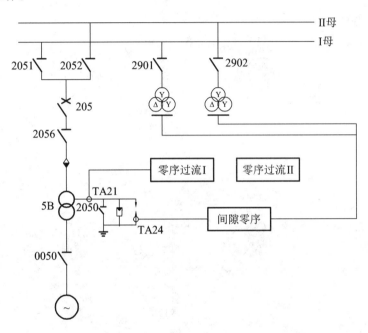

图 3-1   间隙与零序过电流保护各用各的电流互感器接线图

3.9   案例分析一

3.9.1   电网及异常情况

电网及异常情况如图 3-2 所示。

220 kVA、B、C、D、E、F 站内主变均为 2×150 MVA 且为同一系统，110 kVG、H、I、J、K、L、M、N、P、Q、R、S 站内设备均正常运行，各站负荷如图 3-2 所示，各站均为无人值班变电站；110 kV 线路均为 LGJ-185 按冬季 500 A 控制负荷。

A 站#1 主变中性点直接接地，#2 主变 110 kV 侧中性点直接接地，站用变使用#1 主变所供#1 站用变，A 站 10 kV 无分段开关。

监控信号显示 220 kVA 站#1 主变"冷却器全停告警"信号。

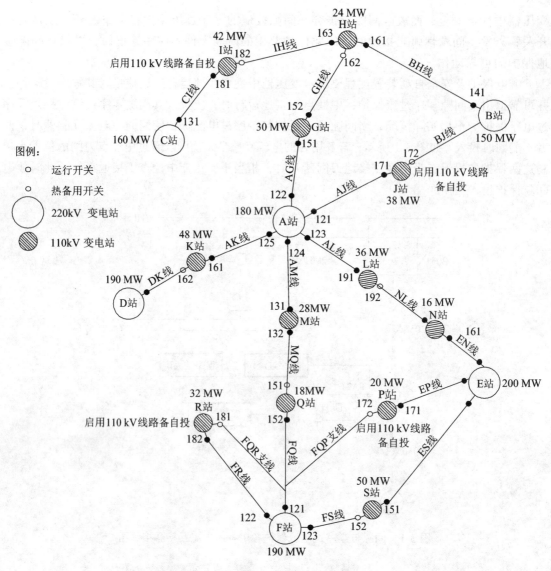

图 3-2　变压器异常事故情况（案例 1）

3.9.2　调度处理要点

（1）因为冷却器全停保护作用于主变跳闸，与时间及主变油温密切相关，所以调度员必须掌握冷却器全停告警信号发出的准确时间，并掌握冷却器全停发信后对应主变的油温和温度上升情况，并与正常运行的主变温度做对比，判断温度上升速度。

（2）由于冷控失电发信后对应主变 20 min 内油温达到 75℃ 主变将跳闸，且冷控失电若为油泵停止运转引起，主变上层油温与绕组温度则可能有较大温差。为保主变安全，可通过控制主变负荷来控制主变温升；同时考虑到对异常的处理时间，调度及时进行负荷转移，以保证停用异常主变后，运行主变不过载。

（3）运行人员尽快前往现场核实冷却器全停情况，若短时间不能恢复冷却器运行或者恢复时间无法确定，应在保证站用电正常供电，正常运行主变不过载的情况下，按调度指令拉停异常主变。

（4）在冷却器处理完毕投入运行后，运行人员应注意复归"冷却器全停告警"，否则主变仍将跳闸。

（5）就此网络情况可将 K 站转 DK 线供电，J 站转 BJ 线供电，A 站负荷为 94 MW。如需停用 A 站#1 主变，还需确认 A 站的站用电已切至#2 站用变，将#2 主变 220 kV 侧中性点由间隙接地改为直接接地后方可进行。

3.10 案例分析二

3.10.1 电网及异常情况

电网及异常情况如图 3-3 所示。

110 kVA 站为无人值班站，站内#1 变、#2 变并列运行，主变档位均运行于 5 档，主变档位为（1~10）档，10 档为电压最高档。

10 kV Ⅰ母出线负荷为 18 MW，10 kV Ⅱ母负荷为 14 MW，总负荷为 32 MW。

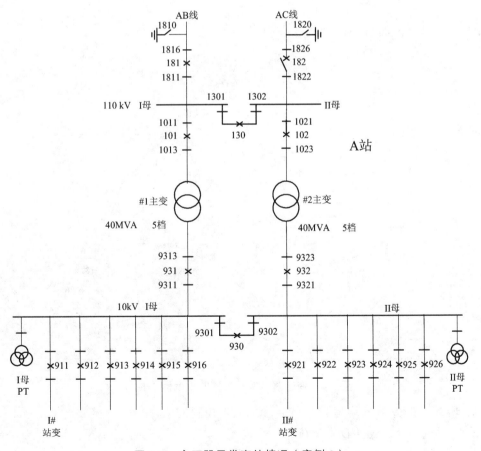

图 3-3　变压器异常事故情况（案例 2）

现计划将两台主变均调整为 6 档运行，运行人员在摇控将#1 主变由 5 档调整至 6 档运行时，由于有载调压装置异常，#1 主变档位由 6 档自动上升至 10 档运行，且档位无法再调。

3.10.2 调度处理要点

（1）由于#1 主变现运行于 10 挡、#2 主变运行于 5 挡，已经不满足变压器并列运行条件，应密切监视主变负荷和母线电压，通过停用 A 站 10 kV 电容器、调整 A 站电源电压的方式控制 A 站母线电压；

（2）通知运行、检修人员迅速前往现场；

（3）若主变过负荷严重、电压异常无法调节或现场确认需对异常主变停电，应拉停#1 主变；在#1 主为拉停后，注意运行设备的电压调整，确保电压在合格范围内。

3.11　案例分析三

3.11.1　电网及事故情况

电网及事故情况如图 3-4、图 3-5 所示。

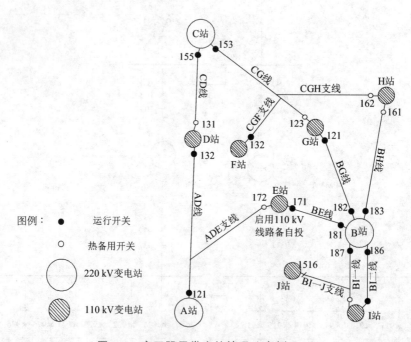

图 3-4　变压器异常事故情况（案例 3-1）

（1）所有 110 kV 线路均为 LGJ-185，按 500A 控制负荷。

（2）A 站通过 AD 线供 D 站负荷。

（3）C 站通过 CGF 支线直供 F 站负荷。

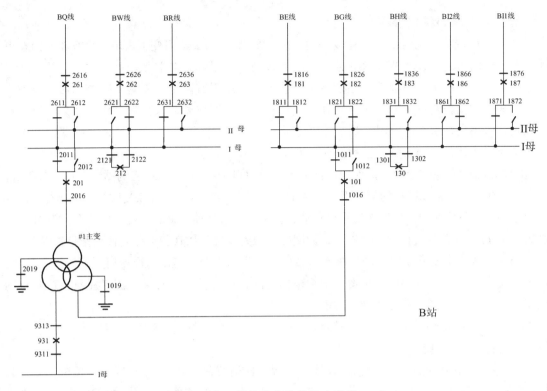

图 3-5　变压器异常事故情况（案例 3-2）

（4）B 站通过 BE 线供 E 站负荷，通过 BG 线供 G 站负荷，通过 BH 线供 H 站负荷，通过 BI2 线供 I 站负荷，通过 BI1J 支线供 J 站负荷。B 站#1 站用变由#1 主变供电，#2 站用变为 G 站 10 kV 线路供电。

（5）E 站启用 110 kV 线路备自投装置，线路保护及重合闸停用。

（6）G 站、H 站为城网负荷，负荷分别为 30 MW、20 MW。

（7）A 站负荷为 270 MW（满载可带 300 MW）；C 站负荷为 230 MW（满载可带 360 MW）；D 站负荷为 40 MW；E 站负荷为 20 MW；I 站负荷为 15 MW；J 站负荷为 8 MW；F 站负荷为 20 MW。

（8）B 站 220 kV 及 110 kV 均为双母线接线；10 kV 为单母线接线；#1 主变上 110 kVI 母运行，110 kV 母联 130 开关运行；#1 主变中性点直接接地；BE 线 181 开关、BH 线 183 开关、BI 一线 187 开关运行于运行于 110 kVI 母；BG 线 182 开关、BI 二线 186 开关运行于 110 kV Ⅱ母，供 G 站负荷。

（9）事故情况：B 站#1 主变比率差动保护动作，#1 主变三侧开关动作跳闸；H 站、I 站、J 站、G 站全站失压，无保护动作；E 站 110 kV 线路备自投装置动作，BE 线 171 开关跳闸，ADE 支线 172 开关合闸。

3.11.2　调度处理要点

（1）由于 B 站为单主变 220 kV 变电站，一旦主变跳闸，将会影响整个 B 站所供地区的用电，调度应尽快恢复用户的供电。

（2）当 B 站主变跳闸，#1 站用变失电，因 G 站失压，#2 站用变也失电，只有靠站内蓄电池供电，从而对运行设备造成影响，迅速恢复 B 站的站用电非常重要。

（3）一般情况下，可能造成主变差动保护动作的原因有两个：一是主变差动保护范围内故障造成保护动作跳闸，二是由于工作人员误动、误碰造成差动保护误动作。如果是第一种情况，按照规定在未查明原因并隔离故障之前，设备不得恢复运行，需将 B 站所供的 110 kV变电站负荷转移。而如果是第二种情况，考虑试送跳闸主变。

（4）在确认 B 站主变为差动保护动作跳闸后，调度应与现场确认是否为站内工作误碰引起。若是，应在二次设备无损伤的前提下，拉开 110 kV 出线开关后，迅速恢复跳闸主变运行，恢复站用电，并按负荷性质，优先恢复重要负荷，再恢复一般负荷，最后恢复充电线路。对 B 站所供启用 110 kV 线路备自投的变电站后，调度应与相关人员确认其备自投装置动作是否成功。

（5）若 B 站主变差动保护动作跳闸非站内工作误碰引起，应通知现场启用保站用电预案，通知相关调度及用户启用事故预案，根据电网情况，进行负荷的转移。同时注意负荷转移的顺序，优先恢复重要负荷及 B 站站用电。

（6）此实例考虑向 A 站与 C 站转移负荷，应注意按 A 站、C 站主变容量及 AD 线、CG线线路允许载流量控制负荷。

（7）针对此网络结构，考虑由 AG 线带 G 站、H 站负荷，由 ADE 线带 E 站负荷，又因 I、J 站负荷只能通过 B 站 110 kV 母供电，考虑由 A 站经 ADE 支线供 E 站后，由 BE 线上 B 站母线，再由 BI 一、BI 二线恢复 I、J 站供电，若相关线路保护有对应于此特殊方式的定值，应调整保护使其与运行方式适应。由 BE 线恢复 B 站 110 kV 母线前，应拉开除 BE 线 181 开关外 B 站的所有 110 kV 出线开关。注意恢复供电前应先将 BG 线、BH 线线路两侧开关转热备用。送电过程中应注意避免用一个开关同时对多个 110 kV 线路及变电站充电。

（8）从负荷性质来看，G 站、H 站供城网，且 G 站带 B 站站用变，应优先恢复此两站负荷。

（9）在处理时，及时通知检修人员及汇报相关领导及人员。

3.12 案例分析四

3.12.1 电网及事故情况

电网及事故情况如图 3-6、图 3-7 所示。

（1）所有 110 kV 线路均为 LGJ-185，按 500 A 控制负荷。

（2）A 站供 F、H、J、M、N、O、P、Q、R、S 站负荷，B 站供 G、I 站负荷，C 站供 K、L 站负荷，E 站供 T、U 站负荷。

（3）I、N、O、P 站启用 110 kV 线路备自投，停用 110 kV 线路保护及重合闸。

（4）A、B、C、D、E 站为 220 kV 变电站，站内各两台主变，容量均为 150 MVA。

（5）A 站#2 主变中性点直接接地，#1 主变中性点间隙接地，110 kV 所有出线开关单号运行于 I 母，双号运行于 II 母。

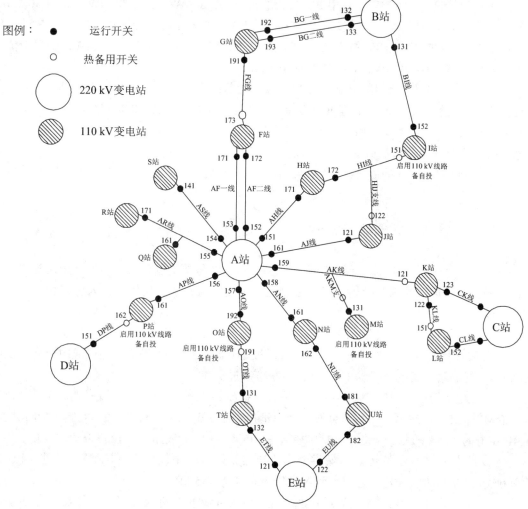

图 3-6 变压器异常事故情况（案例 4-1）

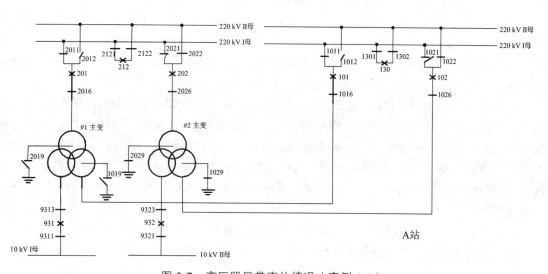

图 3-7 变压器异常事故情况（案例 4-2）

（6）A 站带负荷 315 MW，其中 F 站 45 MW，H 站 30 MW，J 站 50 MW，M 站 30 MW，N 站 30 MW，O 站 10 MW，P 站 5 MW，Q 站 20 MW，R 站 15 MW，S 站 35 MW；B 站带负荷 200 MW，C 站带负荷 180 MW，E 站带负荷 230 MW，D 站带负荷 200 MW；K 站带负荷 40 MW，U 站带负荷 30 MW，T 站带负荷 45 MW。

（7）S 站为高危用户专用变电站，无法有效控制负荷；N 站带有一高危用户，目前正保电；F 站带政府、医院、地调值班室等重要负荷；Q 站带城网用户；H、P 站带公用负荷；R 站为用户专线，保安负荷 3 MW；M 站为用户站，保安负荷 2 MW；J 站负荷以炼钢为主；O 站、N 站带有工业负荷及公用负荷。

（8）站内无任何工作的情况下，A 站#2 主变比率差动保护动作，#2 主变三侧开关动作跳闸。

3.12.2　调度处理要点

（1）由于 A 站重载，若一台主变跳闸，另一台主变将严重过负荷，为保证未跳闸主变的运行，调度应采取拉闸限电措施，迅速限制运行主变负荷，并令现场运行人员密切监视运行主变温度。

（2）在 A 站运行主变负荷未得到有效控制前，不得轻易使用 110 kV 合环倒负荷的方式转移 A 站负荷。因为事故后 A 站电压下降，若通过 110 kV 合环倒负荷，可能造成向合环点供电的 220 kV 变电站主变过负荷或 110 kV 合环联络线过负荷。

（3）就此案例而言，F、N、S 站不能采取直接拉停 110 kV 开关的方式拉闸，3 站负荷共有 120 MW；R、M 站为用户站，可通知用户迅速控制负荷至保安负荷值；可拉开 A 站对 J、O、P 供电的 110 kV 线路开关，此时应核实 P、O 站 110 kV 线路备自投是否动作成功，将 P 站转至 D 站供电，将 O 站转至 E 站供电；通知相关县调，对 H 站进行拉闸限电，控制 H 站负荷在 10 MW 以内。经过上述操作，A 站所带负荷为 145 MW 以内。

（4）当 A 站#2 主变跳闸，失去中性点接地，在 A 站负荷有效控制后，要及时将#1 主变中性点改为直接接地运行，还应确认站用电的供电是否正常。

（5）在确认 A、B 站 220 kV 为同一系统后，可采取遥控方式将 F 站转至 FG 线由 B 站供电（合上 F 站 FG 线 173 开关，拉开 F 站 AF 一线 171、AF 二线 172 开关）；在确认 A、C 站 220 kV 是同一系统后，遥控将 M 站转至 C 站供电（合上 K 站 AK 线 121 开关，拉开 A 站 AK 线 159 开关），方式调整后，通知 M 站恢复所限恢复负荷。

（6）送出 A 站 AJ 线 161 开关，根据 A 站主变负荷情况控制 J 站负荷；停用 I 站 110 kV 线路备自投，启用 110 kV 线路保护及重合闸后，将 H 站转至 HI 线由 B 站供电（合上 I 站 HI 线 151 开关，拉开 H 站 AH 线 171 开关），调整方式后，通知相关县调恢复 H 站所拉限负荷。

（7）停用 N 站 110 kV 线路备自投，启用 110 kV 线路保护及重合闸后，将 N 站转至 NU 线由 E 站供电（合上 N 站 NU 线 162 开关，拉开 N 站 NU 线 161 开关），方式调整后，通知 R 站恢复所限负荷。

（8）在处理时，及时通知检修人员及汇报相关领导及人员。

（9）调整方式后，注意增强负荷增大的主变、线路的监视。

第 4 章

母线事故处理

4.1 母线事故的判断

变电站母线停电，一般是由母线故障或母线上所接元件保护、开关拒动造成的，亦可能由外部电源全停造成。要根据仪表批指示，保护和自动装置动作情况，开关信号及事故现象（如火光、爆炸声等），判断事故情况，并且迅速采取有效措施。事故处理过程中切不可只凭站用电源全停或照明全停而误认为是变电站全停。

4.2 母线故障停电的一般处理原则

（1）当母线发生故障或停电后，厂站值班员应立即向调度员汇报，同时将故障母线上的开关全部断开。

（2）当母线故障停电后，值班员应立即对停电的母线进行检查，并把检查情况汇报调度员，调度员应按下述原则进行处理：对于找到故障点并迅速隔离的故障，在隔离故障后对停电母线恢复送电；对于找到故障点但不能很快隔离的故障，将该母线转为检修。

（3）在经过检查而不能找到故障点时，可对停电母线试送一次。对停电母线进行试送，应使用外来电源；试送开关必须完好，并有完备的继电保护；有条件者可对故障母线进行零起升压。

4.3 双母线接线差动保护动作使母线停电的处理原则

（1）在双母线接线中当单母线运行时母差保护动作使母线停电，值班调度员可选择电源线路开关试送一次，若不成功则切换至备用母线。

（2）在双母线运行中因母差保护动作同时停电时，现场值班人员不待调度指令，立即拉开未跳闸的开关。经检查设备未发现故障点后，遵照值班调度员指令，分别用线路开关试送一次，对于选取哪个开关试送，由值班调度员决定。

（3）双母线之一停电时（母差保护选择性切除），应立即联系值班调度员同意，用线路开关试送一次，必要时可使用母联开关试送，但母联开关必须具有完善的充电保护（相间、接地保护均有），试送失败拉开故障母线所有隔离开关。将线路切换至运行母线时，应防止将故障点带至运行母线。

4.4   成套母线保护装置中的保护配置

成套母线保护装置中配置有母线差动保护、母联充电保护、母联失灵保护、母联死区保护、母联过流保护、母联非全相运行保护及其他开关失灵保护等。

在母线保护中，最主要的是母差保护。若按母差保护差动回路的阻抗分类，可分为高阻抗母差保护、中阻抗母差保护和低阻抗母差保护。低阻抗母差保护通常叫做电流型母线差动保护，根据动作条件又可分为电流差动式母差保护、母联电流比相式母差保护及电流相位比较式母差保护。

母线充电保护在用母联开关对母线充电时启用，当充电良好后，应及时停用。母线充电保护能快速而有选择地断开有故障的母线，其接线简单，灵敏度高，该保护可以作为专用母线单独带新建设备充电的临时保护。

对于母联失灵保护，当母线保护或其他有关保护动作，母联开关的出口继电器触点闭合，但母联 TA 二次仍有电流，即判为母联开关失灵，去启动母联失灵保护。母联失灵保护动作后，经短延时去切除Ⅰ段及Ⅱ段母线。

母联死区保护用于切除母差保护的死区。当故障发生在母联开关及母联 TA 之间时（母差保护死区），母差保护无法切除故障，当Ⅰ段母线或Ⅱ段母线差动保护动作后，母联开关被跳开，但母联 TA 二次仍有电流，死区保护动作，经短延时去跳Ⅱ母或Ⅰ母（即去跳另一母线）上连接的各个开关。

母联过流保护是临时性保护，该保护不经复合电压元件闭锁。对该保护定值合理整定后，可以作为专用母线单独带新建设备充电的临时保护。

4.5   母线保护与其他保护及自动装置的配合

母差保护动作后作用于闭锁式纵联保护停信。当故障点发生在母线上运行的线路开关与其 TA 之间或开关失灵时，为使线路对侧的高频保护迅速作用于跳闸，母线保护动作后将使本侧的收发信机停信。

当发电厂或变电所母线上发生故障时，为防止线路开关对故障母线进行重合，母线保护动作后，应闭锁线路重合闸。

在母线保护动作后，应立即去起动母联或分段开关失灵保护，以保证在母线发生短路故障而母联或分段开关失灵，或故障点在母联或分段开关与 TA 之间时，可靠切除故障。

母线保护动作后，应立即短接线路纵差保护的电流回路或发远跳命令，去切除对侧开关，以使线路对侧断路器可靠跳闸。

4.6 常见母差保护的动作原理

如图 4-1 所示，母差保护由 1 个大差元件（红色区域）、2 个小差元件组成（蓝色区域）；大差作为启动元件，用以区分母线区内外故障；小差作为故障母线的选择元件，用于判别哪段母线发生故障。大差元件不用计算母联电流，也不用判别每一支路是运行于 I 母还是 II 母；而 I 母小差、II 母小差元件则需要计入母联电流，也需判别每一支路是运行于 I 母还是 II 母。

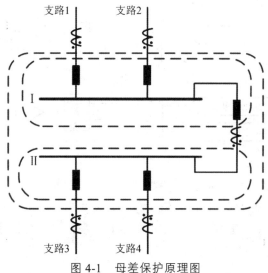

图 4-1　母差保护原理图

如图 4-2 所示，如果 II 母发生故障时，则大差元件、II 母小差元件应有很大的差流，I 母小差元件应没有差流，II 母差动动作。电流大小如下：

大差：$I_d = \dot{I}_1 + \dot{I}_2 + \dot{I}_3 + \dot{I}_4 = I_K$

I 母小差：$I_{dI} = \dot{I}_1 + \dot{I}_2 - \dot{I}_{ml} = I_K$

II 母小差：$I_{dII} = \dot{I}_3 + \dot{I}_4 + \dot{I}_{ml} = 0$

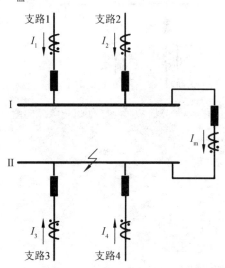

图 4-2　II 母故障 I、II 母电流流向图

由此可知，母差保护是具有选择性的，若Ⅰ、Ⅱ母小差保护均动作，则可能两条母线均故障。同时，由于母联开关只安装了一组 TA，而Ⅰ、Ⅱ母小差是以母联 TA 作为分界，那么如果开关至 TA 之间的区域出现故障，造成死区保护动作，也会出现Ⅰ、Ⅱ母均跳闸的情况。

以 BP-2CS 母联死区保护为例，保护逻辑图如图 4-3 所示。

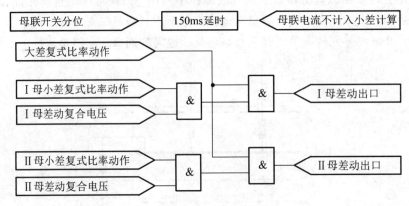

图 4-3　母差保护逻辑图

如果母联开关和母联 TA 之间发生故障，如图 4-4，此时大差启动，Ⅰ母差动动作出口，切除支路 1、支路 2 及母联开关，但故障依然存在，这时母联开关处于分闸位置，经过 150 MS 延时后，母联电流不计入小差计算，此时Ⅱ母上出现差流，因而Ⅱ母差动元件动作，跳开Ⅱ母上所有开关。

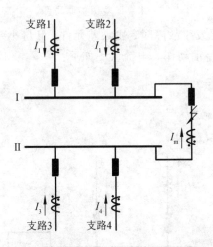

图 4-4　死区故障Ⅰ、Ⅱ母电流流向图

4.7　案例分析一

4.7.1　电网及事故情况

电网及事故情况如图 4-5、图 4-6 所示。

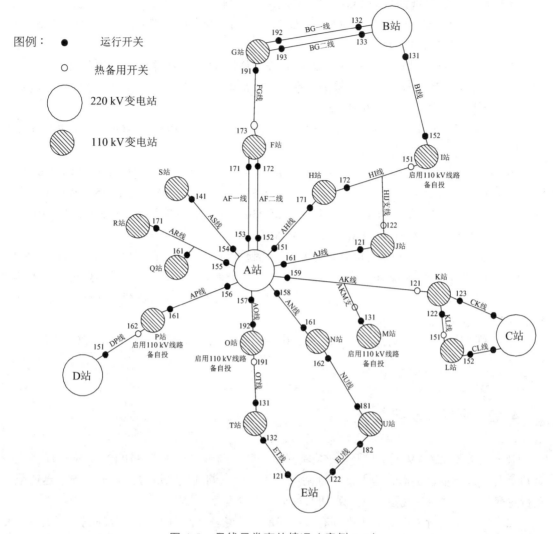

图 4-5 母线异常事故情况（案例 1-1）

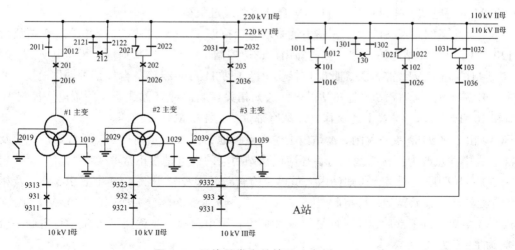

图 4-6 母线异常事故情况（案例 1-2）

（1）所有 110 kV 线路均为 LGJ-185，按 500 A 控制负荷。

（2）A 站供 F、H、J、M、N、O、P、Q、R、S 站负荷，B 站供 G、I 站负荷，C 站供 K、L 站负荷，E 站供 T、U 站负荷。

（3）I、N、O、P 站启用 110 kV 线路备自投，停用 110 kV 线路保护及重合闸。

（4）A 站站内为三台变压器，容量分别为 120 MW；B、C、D、E 站为 220 kV 变电站，站内各两台主变，容量均为 150 MVA。

（5）A 站#2 主变中性点直接接地，#1、#3 主变中性点间隙接地，110 kV 所有出线开关单号运行于Ⅰ母，双号运行于Ⅱ母。

（6）A 站带负荷 315 MW，其中 F 站 45 MW，H 站 30 MW，J 站 50 MW，M 站 30 MW，N 站 30 MW，O 站 10 MW，P 站 5 MW，Q 站 20 MW，R 站 15 MW，S 站 35 MW；B 站带负荷 200 MW，C 站带负荷 180 MW，E 站带负荷 230 MW，D 站带负荷 200 MW；K 站带负荷 40 MW，U 站带负荷 30 MW，T 站带负荷 45 MW。

（7）S 站为高危用户专用变电站，无法有效控制负荷；N 站带有一高危用户，目前正保电；F 站带政府、医院、地调值班室等重要负荷；Q 站带城网用户；H、P 站带公用负荷；R 站为用户专线，保安负荷 3 MW；M 站为用户站，保安负荷 2 MW；J 站负荷以炼钢为主；O 站、N 站带有工业负荷及公用负荷。

（8）站内无任何工作的情况下，A 站 220 kV#1、#2 母差保护动作，跳开 220 kVⅡ母上所有开关。

4.7.2 调度处理要点

（1）因 A 站 220 kVⅡ母上所有开关跳闸后，#2、#3 主变无法带 110 kV 负荷，#1 主变带全站负荷，将严重过负荷，为保证未跳闸主变的运行，调度应采取拉闸限电措施，迅速限制运行主变负荷，并令现场运行人员密切监视运行主变温度。

（2）在 A 站运行主变负荷未得到有效控制前，不得轻易使用 110 kV 合环倒负荷的方式转移 A 站负荷。因为事故后 A 站电压下降，若通过 110 kV 合环倒负荷，则可能造成向合环点供电的 220 kV 变电站主变过负荷或 110 kV 合环连联线过负荷。

（3）就此案例而言，F、N、S 站不能采取直接拉停 110 kV 开关的方式拉闸，3 站负荷共有 120 MW；R、M 站为用户站，可通知用户迅速控制负荷至保安负荷值；可拉开 A 站对 J、O、P 供电的 110 kV 线路开关，此时应核实 P、O 站 110 kV 线路备自投是否动作成功，将 P 站转至 D 站供电，将 O 站转至 E 站供电；通知相关县调，对 H 站进行拉闸限电，控制 H 站负荷在 10 MW 以内。经过上述操作，A 站所带负荷为 145 MW 以内。

（4）由于 A 站#2 主变跳闸，A 站失去中性点接地，在 A 站负荷得到有效控制后，应及时将#1 主变中性点改为直接接地运行，还应确认站用电的供电是否正常。

（5）在拉闸限电同时，通知站内人员迅速检查#2 主变 202 开关、#3 主变 203 开关及相关设备有无异常，若无异常，可将#2 主变 202 开关、#3 主变 203 开关冷倒至 220 kVⅠ母运行；在#2、#3 主变运行正常后，及时恢复 A 站相应已拉限电负荷。注意恢复 A 站运行主变一台直接接地的正常方式。

（6）若 A 站 220 kV Ⅱ 母故障，则将原运行于 220 kV Ⅱ 母正常设备冷倒至 Ⅰ 母运行，将 220 kV Ⅱ 母转冷备用。

（7）若 A 站故障点在 220 kV Ⅱ 母某间隔设备上且 220 kV Ⅱ 母可恢复运行，则在隔离故障后恢复 220 kV Ⅱ 母运行，调整无故障设备为正常运行方式。

（8）若故障造成 220 kV Ⅱ 母及#2 主变 202 开关（或#3 主变 203 开关）需检修，但其余设备可恢复运行，可将正常设备冷倒至 220 kV Ⅰ 母恢复运行；若 A 站 220 kV 有旁路开关，可用旁路开关代#2 主变 202 开关（或#3 主变 203 开关）运行于 220 kV Ⅰ 母，A 站主变恢复运行后，及时恢复 A 站相应已拉限电负荷；若 A 站 220 kV 无旁路开关，A 站在一段时间内仅有两台主变运行，在确认 A、B 站 220 kV 为同一系统后，可采取遥控方式将 F 站转至 FG 线由 B 站供电（合上 F 站 FG 线 173 开关，拉开 F 站 AF 一线 171、AF 二线 172 开关），必要可还可确认 A、C 站 220 kV 是同一系统后，遥控将 M 站转至 C 站供电（合上 K 站 AK 线 121 开关，拉开 A 站 AK 线 159 开关），方式调整后恢复所拉限的负荷。

（9）在处理时及时通知检修人员及汇报相关领导及人员。

（10）注意增强负荷增大的主变、线路的监视。

4.8 案例分析二

4.8.1 电网及事故情况

电网及事故情况如图 4-7、图 4-8 所示。

（1）所有 110 kV 线路均为 LGJ-185，按 500 A 控制负荷。

（2）A 站供 F、H、J、M、N、O、P、Q、R、S 站负荷，B 站供 G、I 站负荷，C 站供 K、L 站负荷，E 站供 T、U 站负荷。

（3）I、N、O、P 站启用 110 kV 线路备自投，停用 110 kV 线路保护及重合闸。

（4）A 站站内为三台变压器，容量分别为 120 MW；B、C、D、E 站为 220 kV 变电站，站内各两台主变，容量均为 150 MVA。

（5）A 站#2 主变中性点直接接地，#1、#3 主变中性点间隙接地，110 kV 所有出线开关单号运行于 Ⅰ 母，双号运行于 Ⅱ 母。

（6）A 站带负荷 315 MW，其中 F 站 45 MW，H 站 30 MW，J 站 50 MW，M 站 30 MW，N 站 30 MW，O 站 10 MW，P 站 5 MW，Q 站 20 MW，R 站 15 MW，S 站 35 MW；B 站带负荷 200 MW，C 站带负荷 180 MW，E 站带负荷 230 MW，D 站带负荷 200 MW；K 站带负荷 40 MW，U 站带负荷 30 MW，T 站带负荷 45 MW。

（7）S 站为高危用户专用变电站，无法有效控制负荷；N 站带有一高危用户，目前正保电；F 站带政府、医院、地调值班室等重要负荷；Q 带城网用户；H、P 站带公用负荷；R 站为用户专线，保安负荷 3 MW；M 站为用户站，保安负荷 2 MW；J 站负荷以炼钢为主；O 站、N 站带有工业负荷及公用负荷。

（8）站内无任何工作的情况下，A 站 110 kV 母差保护动作，跳开 110 kV Ⅱ 母上所有开关。

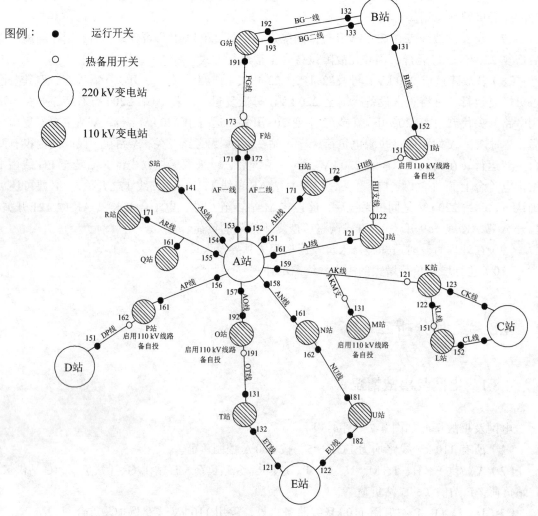

图 4-7 母线异常事故情况（案例 2-1）

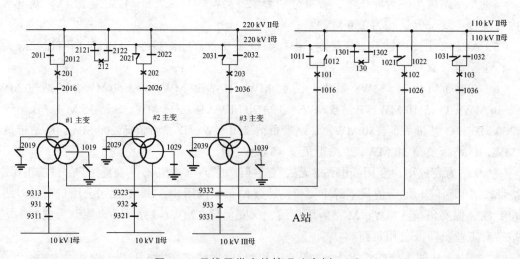

图 4-8 母线异常事故情况（案例 2-2）

4.8.2 调度处理要点

（1）由于 A 站 110 kV Ⅱ 母上所有开关跳闸后，Ⅱ 母上 110 kV 出线失电，且#2、#3 主变无法带 110 kV 负荷，#1 主变带 H、J、M、Q、R、F 站共计 190 MW 负荷，将严重过负荷，为保证未跳闸主变的运行，调度应采取拉闸限电措施，迅速限制运行主变负荷，并令现场运行人员密切监视运行主变温度。

（2）在 A 站运行主变负荷未得到有效控制前，不得轻易使用 110 kV 合环倒负荷的方式转移 A 站负荷。原因在于：事故后 A 站电压下降，如通过 110 kV 合环倒负荷，则可能造成向合环点供电的 220 kV 变电站主变过负荷或 110 kV 合环连联线过负荷。

（3）就此案例而言，F 站不能采取直接拉停 110 kV 开关的方式拉闸，R、M 站为用户站，可通知用户迅速控制负荷至保安负荷值；可拉开 A 站对 J 站供电的 110 kV 线路开关，经过上述操作，A 站所带负荷在 100 MW 以内。

（4）由于 A 站#2 主变跳闸，A 站 110 kV 系统失去中性点接地，在 A 站负荷得到有效控制后，应及时合上#1 主变 110 kV 中性点 1019 接地刀闸。

（5）由于 O、P、N 三站启用了 110 kV 线路备自投，调度应核实其备自投是否动作成功。

（6）S 站为高危用户，其失电后应及时通知用户启用事故预案。

（7）在拉闸限电同时，通知站内人员迅速检查#2 主变 102 开关、#3 主变 103 开关、AS 线 154 开关及相关设备有无异常，若无异常，可将#2 主变 102 开关、#3 主变 103 开关、AS 线 154 开关冷倒至 110 kV Ⅰ 母运行；在#2、#3 主变运行正常后，及时恢复 A 站相应已拉限电负荷。注意恢复 A 站运行主变一台直接接地的正常方式。

（8）若 A 站 110 kV Ⅱ 母故障，则将原运行于 110 kV Ⅱ 母正常设备冷倒至 Ⅰ 母运行，将 110 kV Ⅱ 母转冷备用。

（9）若 A 站故障点在 110 kV Ⅱ 母某间隔设备上且 110 kV Ⅱ 母可恢复运行，在隔离故障后恢复 110 kV Ⅱ 母运行，调整无故障设备为正常运行方式。

（10）若故障造成 110 kV Ⅱ 母及#2 主变 102 开关（或#3 主变 103 开关）需检修，但其余设备可恢复运行，可将正常设备冷倒至 110 kV Ⅰ 母恢复运行；若 A 站 110 kV 有旁路开关，可用旁路开关代#2 主变 102 开关（或#3 主变 103 开关）运行于 110 kV Ⅰ 母，A 站主变恢复运行后，及时恢复 A 站相应已拉限电负荷；若 A 站 110 kV 无旁路开关，A 站在一段时间内仅有两台主变运行，可在确认 A、C 站 220 kV 是同一系统后，遥控将 M 站转至 C 站供电（合上 K 站 AK 线 121 开关，拉开 A 站 AK 线 159 开关），方式调整后恢复所拉限的负荷。

（11）在处理时，及时通知检修人员及汇报相关领导及人员。

（12）注意增强负荷增大的主变、线路的监视。

4.9 案例分析三

4.9.1 电网及事故情况

电网及事故情况如图 4-9、图 4-10 所示。

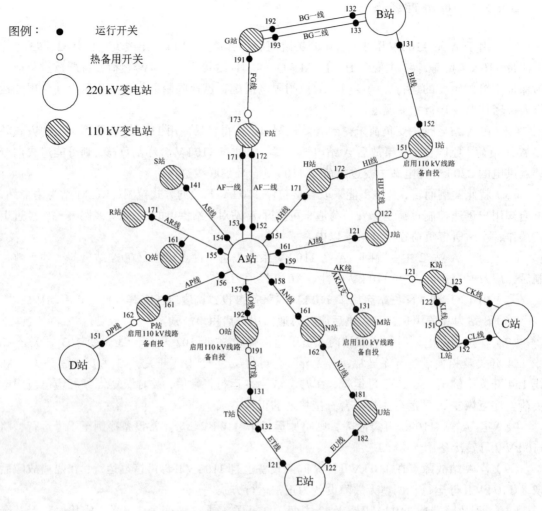

图 4-9　母线异常事故情况（案例 3-1）

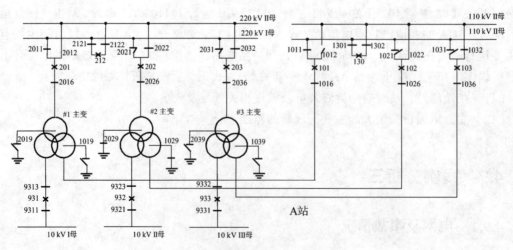

图 4-10　母线异常事故情况（案例 3-2）

（1）所有 110 kV 线路均为 LGJ-185，按 500 A 控制负荷。

（2）A 站供 F、H、J、M、N、O、P、Q、R、S 站负荷，B 站供 G、I 站负荷，C 站供 K、L 站负荷，E 站供 T、U 站负荷。

（3）I、N、O、P 站启用 110 kV 线路备自投，停用 110 kV 线路保护及重合闸。

（4）A 站站内为三台变压器，容量分别为 120 MW；B、C、D、E 站为 220 kV 变电站，站内各两台主变，容量均为 150 MVA。

（5）A 站#2 主变中性点直接接地，#1、#3 主变中性点间隙接地，110 kV 所有出线开关单号运行于 I 母，双号运行于 II 母。

（6）A 站带负荷 315 MW，其中 F 站 45 MW，H 站 30 MW，J 站 50 MW，M 站 30 MW，N 站 30 MW，O 站 10 MW，P 站 5 MW，Q 站 20 MW，R 站 15 MW，S 站 35 MW；B 站带负荷 200 MW，C 站带负荷 180 MW，E 站带负荷 230 MW，D 站带负荷 200 MW；K 站带负荷 40 MW，U 站带负荷 30 MW，T 站带负荷 45 MW。

（7）S 站为高危用户专用变电站，无法有效控制负荷；N 站带有一高危用户，目前正保电；F 站带政府、医院、地调值班室等重要负荷；Q 站带城网用户；H、P 站带公用负荷；R 站为用户专线，保安负荷 3 MW；M 站为用户站，保安负荷 2 MW；J 站负荷以炼钢为主；O 站、N 站带有工业负荷及公用负荷。

（8）站内无任何工作的情况下，A 站 110 kV 母差保护动作，跳开 110 kV I 母上所有开关。

4.9.2 调度处理要点

（1）由于 A 站 110 kV I 母上所有开关跳闸后，I 母上 110 kV 出线失电，且#1 主变无法带 110 kV 负荷，#2、#3 主变带 F、N、O、P、S 站共计 170 MW 负荷，不存在过载情况，主变中性点未失去接地，调度应考虑如何迅速恢复已失电的变电站供电。

（2）可遥控断开 H 站 AH 线 171 开关、J 站 AJ 线 121 开关，停用 I 站 110 kV 线路保护，启用 I 站 110 kV 线路保护及重合闸后，送出 I 站 HI 线 151 开关恢复 H 站供电，送出 J 站 HIJ 线 122 开关恢复 J 站供电。可遥控断开 A 站 AK 线 159 开关,合上 K 站 121 开关恢复 M 站供电。

（3）由于#2、#3 主变仍可增加负荷，应通知站内人员迅速检查 AR 线 155 开关及相关设备有无异常，若无异常，可将 AR 线 155 开关冷倒至 110 kV II 母运行。

（4）若 A 站 110 kV I 母故障，则将原运行于 110 kV I 母正常设备冷倒至 II 母运行，将 110 kV I 母转冷备用。

（5）若 A 站故障点在 110 kV I 母某间隔设备上且 110 kV I 母可恢复运行，在隔离故障后恢复 110 kV I 母运行，调整无故障设备为正常运行方式。

（6）若故障造成 110 kV I 母及#1 主变 101 开关需检修，但其余设备可恢复运行，可将正常设备冷倒至 110 kV II 母恢复运行；若 A 站 110 kV 有旁路开关，可用旁路开关代#1 主变 101 开关运行于 110 kV II 母。

（7）在处理时，及时通知检修人员及汇报相关领导及人员。

（8）注意增强负荷增大的主变、线路的监视。

4.10 案例分析四

4.10.1 电网及事故情况

电网及事故情况如图 4-11 所示。

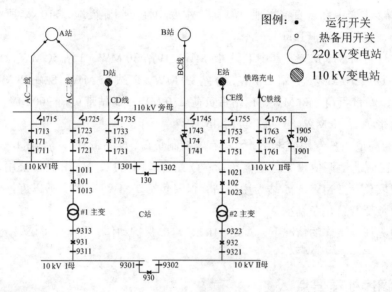

图 4-11　母线异常事故情况（案例 4）

（1）220 kVA 站经 110 kVAC 一、二线供 C 站，经 CD 线供 110 kVD 站，经 CE 线供 110 kVE 站，经 C 铁线供一铁路用户；220 kVB 站 110 kVBC 线对线路充电，C 站 BC 线 174 开关热备用。

（2）C 站备有一套 110 kV 母差保护，C 站 110 kV 分段 130 开关 TA 位于 1301 刀闸与 130 开关间；C 站两台主变容量均为 40 MW，所带负荷为 55 MW，所带负荷有调度室用电、地区政府、医院、水厂、市区公用负荷；C 站所供铁路用户可通过其站内 110 kV 备自投切换至备用线路供电，铁路冲击负荷为 13 MW，平时为 4 MW；D 站负荷 10 MW，E 站负荷 15 MW，两站负荷无法转移。

（3）AC 一、二线均为 LGJ-185 线路，可带 500 A 负荷，BC 线为 LGJ-240，线路可带 590 A 负荷。

（4）C 铁所供铁路用户正进行保电，要求保证双电源。

（5）C 站 110 kV 母差保护动作，跳开 C 站 110 kV I 母上所有开关。

4.10.2 调度处理要点

（1）C 站 110 kV 分段 130 开关 TA 位于 1301 刀闸与 130 开关间，C 站 110 kV 母差保护动作，跳开 C 站 110 kV I 母上所有开关，可初步判断故障点在 C 站 110 kV I 母上母差保护范围内，站内其他设备应考虑尽快恢复供电。

（2）由于 C 站电源来至 110 kV I 母上 AC 一线 171、AC 二线 172 开关，在 C 站 110 kV I 母上所有开关跳闸后，C 站、D 站、E 站及 C 铁线失电，调度应与铁路调度联系，确认其备自投是否动作成功。

（3）考虑到 C 站所供负荷的性质及对故障点的判断，调度员可下令遥控断开 C 站 CE 线 175、C 铁线 176 开关，10 kV 分段 930 开关后遥控合上 C 站 BC 线 174 开关，恢复 C 站 10 kV II 母供电。

（4）在 C 站 #2 主变恢复供电后，与铁路调度联系，得到可恢复 C 铁线供的回复后，遥控合上 C 铁线 176 开关恢复 C 铁线供电，C 铁线送电正常应再次通知铁路调度。

（5）在遥控断开 C 站 #1 主变 10 kV 侧 931 开关，并根据 C 站 10 kV 负荷性质控制负荷，以保证 C 站 10 kV 负荷不超过 #2 主变容量后，调度可遥控合上 C 站 10 kV 分段 930 开关恢复 10 kV I 母供电。

（6）在 C 站 10 kV 负荷及 C 铁线恢复供电后，调度可下令送出 CE 线恢复 E 站供电。

（7）为迅速恢复 D 站供电，调度可下令将 C 站 CD 线 173 开关转冷备用后，由 110 kV 旁路 190 开关代 CD 线 173 开关运行恢复 D 站负荷。

（8）调度员在恢复供电的过程中应注意保证 C 站 #2 主变及 BC 线不过载，在恢复 D、E 站供电前后应联系相关县调。注意增强负荷增大的主变、线路的监视。

（9）调度员应视现场检查结果将 C 站 110 kV I 母转冷备用，并及时通知检修人员及汇报相关领导及人员。

4.11　案例分析五

4.11.1　电网及事故情况

电网及事故情况如图 4-12 所示。

（1）220 kVA 站经 110 kVAC 一、二线供 C 站，经 CD 线供 110 kVD 站，经 CE 线供 110 kVE 站，经 C 铁线供一铁路用户；220 kVB 站 110 kVBC 线对线路充电，C 站 BC 线 174 开关热备用。

（2）C 站备有一套 110 kV 母差保护，C 站 110 kV 分段 130 开关 TA 位于 1302 刀闸与 130 开关间；C 站两台主变容量均为 40 MW，所带负荷为 55 MW，所带负荷有调度室用电、地区政府、医院、水厂、市区公用负荷；C 站所供铁路用户可通过其站内 110 kV 备自投切换至备用线路供电，铁路冲击负荷为 13 MW，平时为 4 MW；D 站负荷 10 MW，E 站负荷 15 MW，两站负荷无法转移。

（3）AC 一、二线均为 LGJ-185 线路，可带 500 A 负荷，BC 线为 LGJ-240，线路可带 590 A 负荷。

（4）C 铁所供铁路用户正进行保电，要求保证双电源。

（5）C 站 110 kV 母差保护动作，跳开 C 站 110 kV I 母上所有开关。

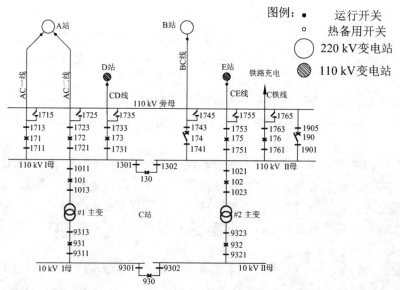

图 4-12　母线异常事故情况（案例 5）

4.11.2　调度处理要点

（1）由于 C 站 110 kV 分段 130 开关 TA 位于 1302 刀闸与 130 开关间，C 站电源均在 110 kV Ⅰ母上，若故障点在 C 站 110 kV 分段 130 开关 TA 与开关间，C 站 110 kV 母差保护也将动作，跳开 C 站 110 kV Ⅰ母上所有开关，当 110 kV 母线上所有开关跳闸后，C 站停电，故障已隔离，C 站 110 kV 母差中的死区保护不会再动作跳开 C 站 110 kV Ⅱ母上开关，此故障的保护动作跳闸情况与故障在 110 kV Ⅰ母上的情况一样，调度员无法直接判断故障点，不能直接遥控恢复 C 站 110 kV Ⅱ母供电。

（2）由于 C 站电源来自 110 kV Ⅰ母上 AC 一线 171、AC 二线 172 开关，在 C 站 110 kV Ⅰ母上所有开关跳闸后，C 站、D 站、E 站及 C 铁线失电，调度应与铁路调度联系，确认其备自投是否动作成功。

（3）当运行人员到达 C 站，考虑到检查设备所需时间，调度员可直接下令将 C 站 110 kV 分段 130 开关转冷备用后恢复 110 kV Ⅱ母供电。

（4）在 C 站 110 kV 分段 130 开关转冷备用后，调度员可下令断开 C 站 CE 线 175、C 铁线 176 开关，10 kV 分段 930 开关后合上 C 站 BC 线 174 开关，恢复 C 站 10 kV Ⅱ母供电。

（5）在 C 站#2 主变恢复供电后，与铁路调度联系，得到可恢复 C 铁线供电的回复后，合上 C 铁线 176 开关恢复 C 铁线供电，C 铁线送电正常应再次通知铁路调度。

（6）在 C 站 10 kV Ⅰ母负荷及 C 铁线恢复供电后，调度可下令送出 CE 线恢复 E 站供电。

（7）现场人员应检查 C 站 110 kV 分段 130 开关及附属设备是否有异常，若有异常，在检查 110 kV Ⅰ母其余设备无异常后，由 C 站 110 kVAC 一、二线恢复 C 站 110 kV Ⅰ母供电后送出 C 站#1 主变恢复 10 kV Ⅰ母供电，送出 CD 线恢复 D 站供电。若故障点 110 kV Ⅰ母上，送电方式同案例分析四的调度处理要点第 5、7 条。

（8）调度员应及时通知检修人员及汇报相关领导及人员。

4.12 案例分析六

4.12.1 电网及事故情况

电网及事故情况如图 4-13 所示。

（1）220 kVA 站经 110 kVAC 一、二线供 C 站，经 CD 线、CF 线由 C 站对线路充电，未带负荷，CE 线供 110 kVE 站，E 站无其他电源；220 kVB 站 110 kVBC 线对线路充电，C 站 BC 线 174 开关热备用。

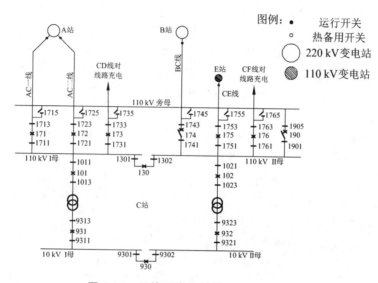

图 4-13 母线异常事故情况（案例 6）

（2）C 站备有一套 110 kV 母差保护；C 站两台主变容量均为 40 MW，所带负荷为 55 MW，所带负荷有调度室用电、地区政府、医院、水厂、市区公用负荷；E 站负荷 15 MW，两站负荷无法转移。

（3）AC 一、二线均为 LGJ-185 线路，可带 500 A 负荷，BC 线为 LGJ-240，线路可带 590 A 负荷。

（4）C 站 110 kV 母差保护动作，跳开 C 站 110 kV II 母上所有开关。

4.12.2 调度处理要点

（1）C 站 110 kV 母差保护动作，跳开 C 站 110 kV II 母上所有开关，将造成 C 站#1 主变过负荷及 E 站失电，在运行人员到达现场检查设备前，调度应采取措施控制 C 站#1 主变负荷，并密切监视 C 站#1 主变负荷与温升，遥控断开#2 主变 10 kV 侧 932 开关。地调应通知相关县调控制 C 站负荷，若#1 主变温升不高，无异常现象，可按现场运行规程及《变压器运行规程》采用事故过负荷的方式运行，减少对外停限电。

（2）若现场检查确认故障点在 CE 线开关处，仅需将 CE 线 175 开关转冷备用，其余设备可恢复运行，调度应在 CE 线 175 开关转冷备用后，由 130 开关恢复 110 kV Ⅱ 母供电，再恢复 C 站#2 主变运行并恢复所限负荷，用 110 kV 旁路 190 开关代 CE 线 175 开关运行恢复 E 站供电。在 C 站#2 主变及 E 站均恢复运行后，调度下令送出 C 站 CF 线 176 开关恢复电网方式。

（3）若现场检查确认故障点在 110 kV 分段 130 开关处，需将 130 开关转冷备用，由 B 站经 BC 线恢复 C 站 110 kV Ⅱ 母运行后，送出 C 站 CE 线 175 开关恢复 E 站供电。由于 C 站所限负荷长期无法恢复，为恢复 C 站所限负荷，考虑恢复 C 站#2 主变运行带 10 kV Ⅱ 母负荷。参考操作顺序如下：

　　① 将 C 站 110 kV 旁路 190 开关由热备用转运行对 110 kV 旁母充电；

　　② 将 C 站 110 kV 旁路 190 开关由运行转热备用；

　　③ 合上 C 站 CD 线 1735 刀闸；

　　④ 将 C 站 110 kV 旁路 190 开关由热备用转运行；

　　⑤ 将 C 站#2 主变由热备用转运行；

　　⑥ 将 C 站 10 kV 分段 930 开关由运行转热备用；

　　⑦ 将 C 站 110 kV 旁路 190 开关由运行转热备用；

　　⑧ 拉开 C 站 CD 线 1735 刀闸。

（4）若现场检查确认故障点在 C 站 110 kV Ⅱ 母上，需将 110 kV Ⅱ 母转冷备用，由 BC 线上 C 站 110 kV 旁母恢复 E 站供电。参考操作顺序如下：

　　① 将 C 站 110 kV Ⅱ 母转冷备用；

　　② 将 B 站 BC 线开关转热备用；

　　③ 合上 C 站 BC 线 1745、CE 线 1755 刀闸；

　　④ 将 B 站 BC 线开关由热备用转运行恢复 E 站供电。

第 5 章

开关异常及事故处理

5.1 开关分类

开关按其操作机构通常可以分为液压、气压、弹簧压力等机构，开关按灭弧介质可分为油开关、压缩空气开关、六氟化硫开关、真空开关和磁吹开关等。

5.2 开关常见故障

开关本身常见的故障有：闭锁分合闸、三相不一致、操动机构损坏或压力降低、切断能力不够造成的喷油或爆炸，以及具有分相操动能力的开关按指令的相别动作等。

5.3 开关闭锁及控制回路断线的危害

任何操作机构故障和灭弧介质压力降低均可能导致开关闭锁分合闸。

开关压力降低，通常经过压力降低报警、合闸及重合闸闭锁、分闸闭锁、控制回路断线 4 个阶段。

在开关闭锁或控制回路断线时，若电网再次发生故障，保护动作、分闸闭锁的开关及控制回路断线的开关跳不开，不能断开故障电流，从而会造成越级跳闸，延长了故障对系统的冲击时间，从而扩大事故范围。而且有些开关没有防止慢分措施，在保护动作跳闸时，极有可能由于慢分而造成开关进一步的故障，甚至有爆炸的危险。在备自投等自动装置动作，需要合上相应开关时，合闸闭锁的开关无法按要求合上，造成设备停电。因此，若发生开关闭锁分合闸故障，应迅速将此开关隔离。作为一名电网调度员，应熟练掌握开关分合闸闭锁的各种处理原则及处理方法。

5.4 停用异常开关时应考虑的问题

（1）停用异常开关应首先考虑是否造成对外停电，若涉及主变的停电操作，应确保不失去站用电。对带有负荷的异常开关，应尽可能将其所带负荷转移后，再进行停电操作。

（2）考虑开关停用过程中及停用后是否会造成相关设备过载，特别注意因停用异常开关造成双回线变单回线运行、多主变并列运行的变电站停用一台主变等情况负荷分布的变化。

（3）考虑停用开关的操作过程中及操作后的运行方式下，对系统接地点的影响，合理调整主变中性点的接地方式，不得使直接接地系统变为非直接接地方式运行。

（4）考虑停用开关的操作对保护的要求，如采用代路方式停用异常开关时对线路纵差保护的调整，刀闸解站内小环时对环内开关控制保险、零序保护的要求等。

（5）涉及刀闸操作，注意操作顺序。严禁带负荷拉合刀闸、刀闸带电拉合线路及主变的情况发生。

5.5 开关异常的处理总思路

当开关异常闭锁、合闸尚未闭锁分闸时，开关可进行分闸，此时调度员应尽快将该开关停电，如果闭锁开关所在变电站有旁路开关，可进行旁路带路；或者将闭锁开关所供变电站负荷转移后，直接将该开关停电。

当开关出现分闸闭锁时，应停用开关的操作电源，并按现场规程进行处理，若为 3/2 或 4/3 接线方式，可远方操作刀闸解本站组成的母线环流（刀闸拉母线环流要经过试验并有明确规定），解环前确认环内所有开关在合闸位置。

异常开关所带元件有条件停电，首先考虑将闭锁开关停电隔离，再无压拉开闭锁开关两侧刀闸处理。双母线方式时，对侧先拉开线路（变压器另一则）开关后，本侧将其他元件倒到另一条母线，用母联开关与异常开关串联，再用母联开关拉开空载线路，将异常开关停电，最后拉开异常开关的两侧刀闸。

5.6 220 kV 变电站 110 kV 开关分合闸闭锁处理

5.6.1 110 kV 为双母线接线方式（无旁母）的 110 kV 开关分合闸闭锁处理

（1）转移闭锁开关所带负荷。若闭锁开关为单回线首端开关，将末端站转走。若闭锁开关为双回线中一回的首端开关，可在确保线路不过载的前提下拉停闭锁开关所在线路的对侧开关。若闭锁开关为主变 110 kV 侧开关，应调整电网运行方式，确保此主变开关停电后，正常供电的主变不过负荷，本站原供所有 110 kV 负荷不停电。

（2）将未闭锁开关倒至 110 kV 一段母线上运行，闭锁开关运行于另一 110 kV 母线。

（3）调整主变中性点的接地方式，确保处理过程中本站运行设备不失去接地点（220 kV 及 110 kV 系统）。

（4）将 110 kV 母联开关转热备用，使闭锁的出线开关停电（如 110 kV 出线异常开关）或使闭锁的主变开关无负荷电流流过仅带空母线后（如主变 110 kV 侧异常开并），拉开闭锁开关两侧刀闸进行隔离，再恢复其余设备正常运行。注意若闭锁开关为主变 110 kV 侧开关，在拉开 110 kV 母联开关前，必须保证各 110 kV 母线上均有一台主变 110 kV 侧中性点接地刀闸合上。在将主变 110 kV 侧闭锁开关隔离后，若此主变仍运行，其 110 kV 侧中性点接地刀闸必须合上。

（5）若闭锁开关为 110 kV 母联开关，可将 110 kV 所有元件倒至 110 kV 一段母线上运行，确保母联开关无负荷电流流过后，拉开 110 kV 母联开关两侧刀闸进行隔离。也可选择某 110 kV 开关，用其刀闸双跨硬联 110 kV Ⅰ、Ⅱ母运行后，拉开 110 kV 母联开关两侧刀闸进行隔离。

5.6.2 110 kV 为双母线加旁路接线方式的 110 kV 开关分合闸闭锁处理

（1）旁路开关可用时，用旁路开关代闭锁开关后，用刀闸解环隔离闭锁开关。
（2）旁路开关不可用时，处理方式参见 5.6.1 节（1）至（4）。
（3）110 kV 母联开关的闭锁处理方式参见 5.6.1 节（5）。
（4）代路操作所涉及开关，若装有线路纵联保护，操作前应停用线路两侧的纵联保护。

5.6.3 110 kV 为旁路兼母联接线方式的 110 kV 开关分合闸闭锁处理

（1）旁路开关作母联开关运行时，其余 110 kV 开关分合闸闭锁，选取适当的 110 kV 开关，采用其刀闸双跨硬联 110 kV Ⅰ、Ⅱ母运行后，使旁路开关可做代路使用。用旁路开关代闭锁开关后，用刀闸解环隔离闭锁开关。

（2）旁路开关作母联开关运行时，旁路开关分合闸闭锁的处理方式参见 1）中（5）。

（3）旁路开关检修时其余 110 kV 出线开关分合闸闭锁，或旁路开关代某 110 kV 出线开关运行时旁路开关分合闸闭锁，应转移闭锁开关所带负荷。若闭锁开关为单回线首端开关，将末端站转走。若闭锁开关为双回线中一回的首端开关，可在确保线路不过载的前提下拉停闭锁开关所在线路的对侧开关。可选择本站运行的 110 kV 对线路充电的开关（也可选择本站正常运行的 110 kV 双回线的一回线，拉停对侧开关后），借用其本侧开关代此闭锁线路（旁路）开关运行，再拉开闭锁线路（旁路）开关两侧刀闸进行隔离。在闭锁线路（旁路）开关已隔离后，拉停借用开关，使线路停电后，拉开线路对应的 110 kV 旁路刀闸（含原闭锁线路（旁路）开关所供线路的旁路刀闸，借用开关的旁路刀闸），再恢复借用开关线路的正常供电。

（4）旁路开关代主变开关时分合闸闭锁，调整主变中性点的接地方式，确保处理过程中本站运行设备不失去接地点（220 kV 及 110 kV 系统）。可选择本站运行的 110 kV 对线路充电的开关（也可选择本站正常运行的 110 kV 双回线的一回线，拉停对侧开关后），借用此开关。在借用开关为运行的状态下，合上其 110 kV 旁路刀闸，拉开闭锁旁路开关两侧刀闸进行隔离。

将借用开关转热备用，并将此主变转热备用，使 110 kV 旁母停电后，再拉开此主变 110 kV 侧旁路刀闸，借用开关的旁路刀闸，最后恢复借用开关线路的正常运行。（注意尽量缩短主变运行时间）

5.7　110 kV 变电站 110 kV 开关分合闸闭锁处理

5.7.1　带旁母的 110 kV 变电站 110 kV 开关分合闸闭锁处理

（1）旁路开关及旁母可用时，用旁路开关代闭锁开关后，用刀闸解环隔离闭锁开关。

（2）旁路开关不可用或无旁路开关（110 kV 为简易旁母）时，创造条件找出一条仅对线路充电的开关，将该开关转热备用后，利用该开关对简易旁母充电，充电正常后，合上闭锁开关的旁母刀闸，站内形成小环，拉开闭锁开关两侧刀闸。

（3）旁母不可用时，在转移负荷后，拉停闭锁开关电源侧的上一级开关，使闭锁开关停电后，隔离闭锁开关。调整运行方式，尽可能恢复供电。

5.7.2　内桥接线的 110 kV 变电站 110 kV 开关分合闸闭锁处理

（1）若闭锁开关为 110 kV 线路开关，调整电网运行方式，使闭锁 110 kV 线路开关为对线路空充电的方式，拉停闭锁开关所对应的主变中、低压侧开关后，拉停 110 kV 分段开关使闭锁开关停电。隔离闭锁开关后，恢复停电主变运行。

（2）若闭锁开关为 110 kV 分段开关，可拉开 110 kV 电源线路开关，使全站停电后隔离闭锁开关，再调整电网方式恢复主变供电。

（3）值得注意的是，对于内桥接线变电站，若 110 kV 闭锁开关（含线路开关及母联开关）为主变的电源开关，当开关闭锁时，主变差动保护动作后无法快速切除故障，应尽快消除此种运行方式。

5.7.3　单母线分段无旁母 110 kV 变电站 110 kV 开关分合闸闭锁处理

在转移负荷后，拉停闭锁开关电源侧的上一级开关，使闭锁开关停电后，隔离闭锁开关。调整运行方式，尽可能恢复供电。

5.8　案例分析一

5.8.1　电网及异常情况

电网及异常情况如图 5-1 所示。

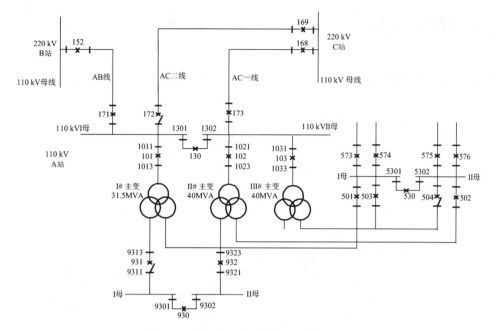

图 5-1　开关异常事故情况（案例 1）

（1）110 kVAC 一二线双回供 A 站，110 kVA 站除 171 开关、504 开关热备用，其余开关均运行（正常方式）。

（2）由于 220 kVC 站主变检修，需转移 A 站部分负荷至 220 kVB 站，计划Ⅰ#主变供 35 kVⅠ母，Ⅱ#、Ⅲ#主变供 35 kVⅡ母及 10 kV 所有负荷，将Ⅰ#主变转移至 171 开关供电，站内 172、130、931、503、530 开关转热备用。

（3）倒闸操作过程中，先将 35 kV、10 kV 方式调整为预定方式，再核实 B 站、C 站 220 kV 为同一系统，合上了 171 开关合环，拉开了 172 开关，下令拉开 130 开关解环，此时现场运行人员汇报，130 开关拉开后又自动合上。

5.8.2　调度处理要点

（1）作为调度员，首先要明白 130 开关拉开又合上的危害：130 拉开又合上导致 220 kV 系统、110 kV 系统长时间电磁环网，有不可预料的运行风险。

（2）处理的目标为尽快解除电磁环网，尽量达到转移负荷的初衷。

（3）处理方案一：将系统运行方式还原，即仍然用 171 开关解环，待检修人员处理好开关缺陷后再进行操作，但该方案影响电网转移 220 kVC 站负荷，拖延了整体检修计划。

（4）处理方案二：拉开 130 开关后取下 130 开关控制保险，使开关无法再合闸。该方案既能解除电磁环网，又达到了转移 220 kVC 站负荷的目的，130 开关转热备用后，再按检修人员要求将 130 开关转冷备用进行处理。

（5）在不影响电网运行的前提下，方案二为优选方案。

5.9　案例分析二

5.9.1　电网及异常情况

电网及异常情况如图 5-2 所示。

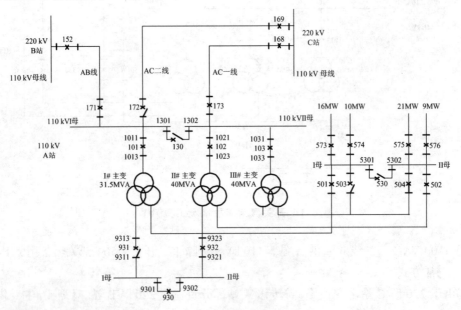

图 5-2　开关异常事故情况（案例 2）

（1）由于 220 kVC 站主变检修，110 kVA 站 I#主变供 35 kV I 母，II# III#主变供 35 kV II 母及 10 kV 所有负荷，将 I#主变转移至 171 开关供电，站内 172、130、931、503、530 开关转热备用，如图 5-2 所示。

（2）220 kVC 站主变检修完毕恢复正常运行，现要求将 110 kVA 站全站负荷恢复为 220 kVC 站供电的正常运行方式，如图 5-1 所示。

（3）倒闸操作过程中，先将 110 kV 网络恢复为正常方式（172、130 合上，171 开关断开），此时下令合上 530 开关合不上，35 kV I 母出线负荷正在增加，已达到 32 MW，I#主变过载。

5.9.2　调度处理要点

（1）变压器过载规定的运行时间缩短，如果能通过调整运行方式消除设备过载，应通过合理的方式调整来消除设备过载。

（2）处理方案一：合上 III#主变 35 kV 侧 503 开关，使 I#、II#、III#主变 35 kV 侧并列运行（即 501、502、503、504 开关均合上），以达到消除主变过载的目的。但该方案存在一个重大隐患，即当任一 35 kV 出线故障而出线开关或者保护拒动时，将造成 35 kV I、II 段母线均失压的后果。正常情况下 503 和 504 开关不同时合上，35 kV 母线通过 530 开关并列，当 35 kV I 母出线出现故障而出线开关或保护拒动时，供 35 kV I 母的主变中后备第一时限切除分段530开关，在第二时限切除主变35 kV侧总路开关，通过隔离35 kVⅠ母来隔离故障，保证35 kVⅡ母的正常运行。本方案中，由于530开关合不上，如果通过合上503、504开关来并列35 kVⅠ、Ⅱ段母线，当35 kVⅠ母出线出现故障而出线开关或保护拒动时，Ⅰ#、Ⅱ#、Ⅲ#主变的中后备均第一时限动作切530开关，Ⅰ#、Ⅱ#、Ⅲ#主变仍然通过501、502、503、504开关继续提供短路电流，3台主变的中后备保护均第二时限动作切501、502、503、504开关，造成35 kVⅠ、Ⅱ段母线均失压的严重后果。所以方案一不可行，不能通过503、504开关来并列35 kV母线。

（3）处理方案二：通过分析35 kVⅠ、Ⅱ段负荷情况可以发现，Ⅱ#主变可以单独带35 kVⅡ母负荷，所以考虑用Ⅱ#主变单独带35 kVⅡ母负荷，Ⅰ#、Ⅲ#主变并列运行带35 kVⅠ母负荷。先拉开504开关，再合上503开关，此时Ⅰ#主变过载消除，站内设备均在额定容量范围内运行。因为该方案无方案一隐患，所以选择方案二执行。

（4）在A站35 kV分段530断开期间，不得合上Ⅰ#主变10 kV侧931开关，原因是合上后Ⅰ#、Ⅱ#主变间将产生环流。在A站35 kV分段530开关缺陷处理完毕，恢复运行后，方可恢复Ⅰ#主变10 kV侧931开关运行。

5.10　案例分析三

5.10.1　电网及异常情况

电网及异常情况如图5-3、图5-4所示。

（1）A站通过AB线供B站负荷，通过BC线串供C站负荷。

（2）E站对CE线线路充电。

（3）B站两台主变并列运行，110 kV分段130开关、10 kV分段930开关均在运行状态；B站AB线181开关、BC线182开关均在运行状态。

（4）B站#1、#2主变重载，C站负荷与B站相当。

（5）B站110 kV分段130开关跳闸，无保护动作，现10 kV高压室设备声音异常，130开关端子排冒黑烟，#1主变严重过载。

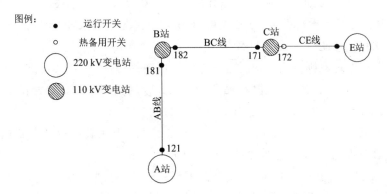

图5-3　开关异常事故情况（案例3-1）

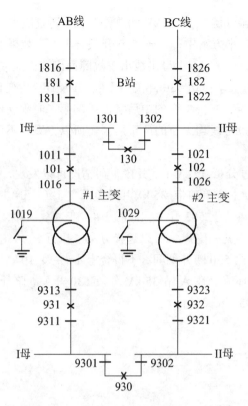

AB线　　　　BC线

1816　　　　　　　　　1826
181　✕　　B站　　　✕　182
1811　　　　　　　　　1822

I母　　　1301　1302　　　　II母

　　　　　　　✕
　　　　　　130

1011　　　　　　　　　1021
101　✕　　　　　　　✕　102
1016　　　　　　　　　1026

1019　　#1主变　　1029　#2主变

9313　　　　　　　　　9323
931　✕　　　　　　　✕　932
9311　　　　　　　　　9321

I母　　　　　　　　　　II母
　　9301　　　9302
　　　　　✕
　　　　930

图 5-4　开关异常事故情况（案例 3-2）

5.10.2　调度处理要点

（1）由于 B 站 130 开关跳闸，B 站#2 主变转为升压变运行；B 站#1 主变带 B 站全部负荷及 C 站全部负荷，所以严重过载。方式如图 5-5。为保证设备安全，需立即消除该主变过载。

（2）由于 B 站 110 kV 分段 130 开关端子排冒黑烟，不应再合上此开关消除 B 站#1 主变过载；如果两个 220 kV 通过 10 kV 合环，潮流的分布未经过计算，相关线路保护的灵敏度也未经过校核，那么不应合上 C 站 CE 线 172 开关来消除 B 站#1 主变过载。此时为尽快消除 B 站#1 主变过载，必须果断进行拉闸，因此首先下令拉开 B 站 BC 线 182 开关。

（3）B 站 BC 线 182 开关断开后，B 站#1 主变过载情况大幅减轻，但仍然过载，可拉开 B 站 10 kV 分段 930 开关使#1 主变不过载。

（4）根据事故处理原则，需尽快对已停电的地区或用户恢复供电，由于为了消除 B 站#1 主变过载，已经采用拉闸的方法拉停 C 站负荷，因此改用备用电源对 C 站供电，即拉开 C 站 BC 线 171 开关后合上 C 站 CE 线 172 开关恢复 C 站供电。

（5）在 C 站转移至 E 站供电后，可将 C 站 BC 线 171 开关转运行，将 B 站 BC 线 182 开关转运行恢复 B 站#2 主变供电，带 10 kV II 母负荷。

（6）将 B 站 110 kV 分段 130 开关由热备用转冷备用，并通知检修人员到场检查。

（7）及时将事故及处理情况汇报领导，并通知相关专业人员。

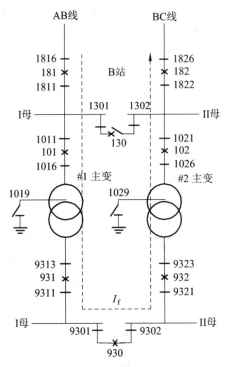

图 5-5　开关异常事故情况（案例 3-3）

5.11　案例分析四

5.11.1　电网及事故情况

电网及事故情况如图 5-6 所示。

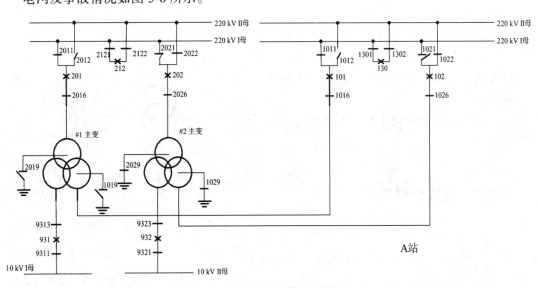

图 5-6　开关异常事故情况（案例 4）

（1）A 站为双母线接线方式，#1 主变间隙接地，#2 主变直接接地，目前站用电由 10 kV Ⅱ母上#2 站用变供电，10 kV Ⅰ母上#1 站用变可用。

（2）A 站主变负载率为 45%。

（3）A 站#2 主变 110 kV 侧 102 开关分合闸闭锁。

5.11.2 调度处理要点

（1）由于 A 站无旁母，无法采用代路方式隔离#2 主变 102 开关。考虑到 A 站负荷轻，一台主变可带全站负荷，适合采用使#2 主变 110 kV 侧 102 开关不带负荷后，再隔离 102 开关方式处理。

（2）先将 A 站 110 kV Ⅱ母上除#2 主变 110 kV 侧 102 开关外的所有开关转至 110 kV Ⅰ母运行，合上#1 主变 110 kV 侧 1019 刀闸后，再将 110 kV 母联 130 开关转热备用。此时 102 开关仅带 110 kV Ⅱ母这一空母线，将 110 kV Ⅱ母 TV 停电后，可直接拉开 102 开关两侧刀闸隔离 102 开关。

（3）在 102 开关已隔离后，应由 110 kV 母联 130 开关恢复 A 站 110 kV Ⅱ母运行，并将 110 kV 正常开关倒为标准方式运行。

注意：在#2 主变 102 开关恢复运行前，#1 主变 110 kV 侧 1019 中性点接地刀闸及#2 主变 110 kV 侧 1029 中性点接地刀闸均应在合上状态。

5.12 案例分析五

5.12.1 电网及事故情况

电网及事故情况如图 5-7 所示。

（1）B 站为内桥接线，#1、#2 主变并列运行，AB 线为 B 站的电源线路，BC 线由 B 站 182 开关对线路空充电，对侧为另一电源。B 站一台主变无法带全站负荷。

（2）B 站 110 kV 分段 130 开关分合闸闭锁，无法带电处理。

5.12.2 调度处理要点

（1）要隔离 B 站 110 kV 分段 130 开关，必须将 B 站停电，停电时要注意拉开关的顺序，不应在停电过程中造成主变过载。

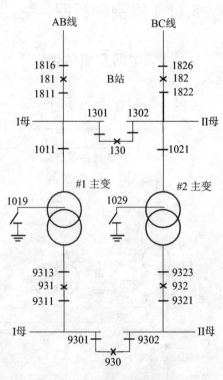

图 5-7 开关异常事故情况（案例 5）

（2）就 B 站而言，应先将 BC 线 182 开关转热备用，并将 10 kV 分段 930 开关转热备用后，再将#1、#2 主变 10 kV 侧总路开关转热备用，最后拉停 AB 线 181 开关使 B 站 110 kV Ⅰ、Ⅱ母停电后，拉开 1301、1302 刀闸隔离 130 开关。

（3）在 110 kV 分段 130 开关隔离后，由 AB 线恢复 B 站#1 主变运行带 10 kV Ⅰ母负荷；将 BC 线由另一电源恢复供电后，由 BC 线恢复 B 站#2 主变运行带 10 kV Ⅱ母负荷。

（4）在处理过程中应注意母线 TV 及主变中性点接地刀闸的操作。

5.13 案例分析六

5.13.1 电网及事故情况

电网及事故情况如图 5-8 所示。

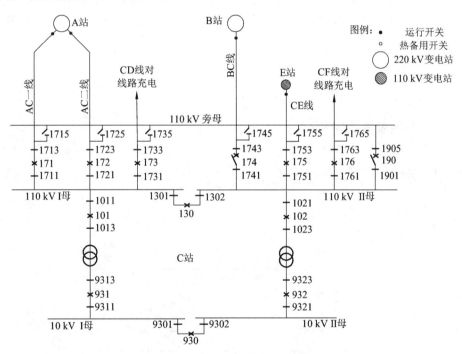

图 5-8　开关异常事故情况（案例 6）

（1）220 kVA 站经 110 kVAC 一、二线供 C 站，经 CD 线、CF 线由 C 站对线路充电，未带负荷，CE 线供 110 kVE 站，E 站无其他电源；220 kVB 站 110 kVBC 线对线路充电，C 站 BC 线 174 开关热备用。

（2）C 站备有一套 110 kV 母差保护；C 站两台主变容量均为 40 MW，所带负荷为 70 MW，所带负荷有调度室用电、地区政府、医院、水厂、市区公用负荷；E 站负荷 15 MW，两站负荷无法转移。

（3）AC 一、二线均为 LGJ-185 线路，载流量为 500 A，BC 线为 LGJ-240，载流量为 590 A。

（4）C 站 110 kV 母联 130 开关分合闸闭锁，无法带电处理。

5.13.2 调度处理要点

（1）在发现 C 站 110 kV 母联 130 开关分合闸闭锁后，应断开 130 开关的操作电源。

（2）由于 C 站所带负荷很重要，若采取使 C 站 110 kV Ⅰ、Ⅱ 母均停电后再拉开母联 130 开关两侧刀闸的方式隔离 130 开关则影响过大，故考虑带电隔离 130 开关。

（3）将 C 站 110 kV 旁路 190 开关由热备用转运行对 C 站 110 kV 旁母充电，确认旁母是否完好后拉开 190 开关。合上 C 站 CD 线 1735 刀闸后，再合上 110 kV 旁路 190 开关，在站内形成环。断开 C 站 110 kV 旁路 190 开关、CD 线 173 开关的操作电源后，拉开 1301、1302 刀闸隔离 130 开关。在 130 开关隔离后恢复 110 kV 旁路 190 开关、CD 线 173 开关、110 kV 母联 130 开关的操作电源。

（4）在 C 站 110 kV 母联 130 开关已隔离后，调整 C 站运行方式。在确认 A 站、B 站 220 kV 是同一系统后，合上 C 站 BC 线 174 开关，再将 C 站 10 kV 分段 930 开关转热备用。在 C 站 10 kV 分段 930 开关断开后，将 C 站 110 kV 旁路 190 开关转热备用，即将 C 站#2 主变及 E 站转由 BC 线由 B 站供电。最后拉开 C 站 CD 线 1735 刀闸，恢复 C 站 110 kV 旁母热备用状态。

5.14 案例分析七

5.14.1 电网及事故情况

电网及事故情况如图 5-9 所示。

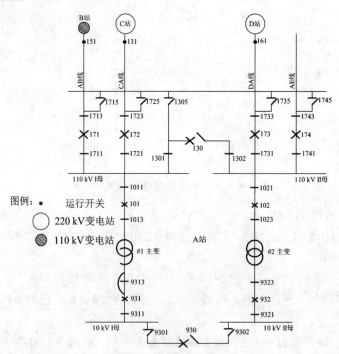

图 5-9 开关异常事故情况（案例 7）

（1）A 站为 110 kV 变电站；A 站 110 kV 母联兼旁路 130 开关热备用于 Ⅰ、Ⅱ 母，1301、1302 刀闸合上，1305 旁路刀闸拉开；A 站 10 kV 分段 930 开关冷备用，现场有工作短时内无法送电；

（2）A 站#1 主变由 C 站经 110 kVCA 线供电，110 kVAB 线供 B 站，B 站无其他电源，负荷无法转移；A 站#2 主变由 D 站经 110 kVDA 线供电，110 kVAE 线对线路充电；

（3）A 站 10 kV Ⅰ 母所带负荷有重要保电任务，三天内不能停电；

（4）A 站 110 kVAB 线 171 开关分合闸闭锁，带电无法处理，现场确认需停电处理，由于相关原件需待厂家到货，时间需两天。

5.14.2　调度处理要点

（1）由于 A 站 AB 线 171 开关为线路首端开关，当此开关分合闸闭锁后，若 AB 线故障，必须靠 C 站 CA 线 131 开关跳闸切除故障，扩大停电范围，调度必须尽快将其隔离。

（2）由于 A 站 10 kV Ⅰ 母所带负荷有重要保电任务，不可能采取停用 A 站#1 主变，停用 A 站 CA 线 172 开关后，在 A 站 110 kV Ⅰ 母无电的情况下，拉开 AB 线 171 开关两侧刀闸的方式隔离 171 开关。

（3）若采用合上 A 站 AB 线 1715、CA 线 1725 旁路刀闸，在站内形成小环后，拉开 AB 线 171 开关两侧刀闸的方式隔离 171 开关，最终运行方式变为 CA、AB 线由 C 站 CA 线 131 开关串供的方式带 B 站负荷，由于 171 开关处理时间长，此特殊方式要考虑 C 站 CA 线 131 开关的保护定值是否满足要求，在 AB 线故障时，仍必须靠 C 站 CA 线 131 开关跳闸切除故障，扩大停电范围，也不是最佳方案。

（4）调度可考虑合上 A 站 110 kV 母联兼旁路 130 开关、合上 AE 线 1745、AB 线 1715 旁路刀闸，在 A 站内形成小环后隔离 171 开关，再调整运行方式，最终调整为 110 kV 母联兼旁路 130 开关带 AB 线运行供 B 站负荷的运行方式，参考顺序如下（保护调整略）：

a. 取下 A 站 AB 线 171 开关控制保险；

b. 拉开 A 站 110 kV 母联兼旁路 1301 刀闸；

c. 合上 A 站 110 kV 母联兼旁路 1305 刀闸；

d. 合上 A 站 110 kV 母联兼旁路 130 开关对旁母充电；

e. 拉开 A 站 110 kV 母联兼旁路 130 开关；

f. 拉开 A 站 110 kV 母联兼旁路 1305 刀闸；

g. 合上 A 站 110 kV 母联兼旁路 1301 刀闸；

h. 合上 A 站 110 kV 母联兼旁路 130 开关；

I. 合上 A 站 AE 线 1745 刀闸对旁母充电；

j. 取下 A 站 110 kV 母联兼旁路 130 开关控制保险；

k. 取下 A 站 AE 线 174 开关控制保险；

l. 合上 A 站 AB 线 1715 旁路刀闸；

m. 拉开 A 站 AB 线 1713、1711 刀闸；

n. 给上 A 站 110 kV 母联兼旁路 130 开关控制保险；

o. 拉开 A 站 110 kV 母联兼旁路 130 开关；

p. 拉开 A 站 110 kV 母联兼旁路 1301 刀闸；

q. 合上 A 站 110 kV 母联兼旁路 1305 刀闸；

r. 合上 A 站 110 kV 母联兼旁路 130 开关；

s. 取下 A 站 110 kV 母联兼旁路 130 开关控制保险；

t. 拉开 A 站 AE 线 1745 旁路刀闸；

u. 给上 A 站 110 kV 母联兼旁路 130 开关控制保险；

v. 给上 A 站 AE 线 174 开关控制保险；

w. 给上 A 站 AB 线 171 开关控制保险。

第 6 章

刀闸异常处理

6.1 刀闸缺陷的一般处理原则

（1）刀闸发热时应立即设法减少负荷；

（2）刀闸发热严重时，应以适当的开关倒母线或以备用开关倒旁路母线等方式转移负荷，使其退出运行；

（3）停用发热的刀闸可能引起停电并造成损失较大，这时应采取带电作业进行抢修，如果仍未消除发热，可以使用短接线的方法，临时将刀闸短接；

（4）对于绝缘子不严重的放电痕迹、表面龟裂等，可暂不停电，办理正式停电申请后再处理；

（5）当与母线连接的隔离开关绝缘子损伤时，应尽可能停止使用；

（6）当出现绝缘子外伤严重、绝缘子掉盖、对地击穿、绝缘子爆炸、刀口熔焊等情况，应立即采取停电或带电作业处理。

6.2 标准双母线带旁路接线方式刀闸发热处理

（1）线路开关或者主变开关刀闸发热，可立即采用旁路带路方式，将发热刀闸隔离，再视情况进一步处理；

（2）母联刀闸发热，可以选取某一出线开关母线侧刀闸，分别双跨母线将双母线硬连，再将发热的母联开关转冷备用，视刀闸检修情况，倒母后将发热刀闸侧母线停电后配合处理刀闸；

（3）母线侧刀闸发热，如果发热非常严重，可以先合上发热刀闸的另一组刀闸，然后拉开发热刀闸，视检修需要再进一步倒闸操作；

（4）若站内旁路或旁母不可用，而发热刀闸所在开关供电的变电站负荷可以转移，转移变电站负荷后，直接将发热刀闸所在开关停电。

6.3　旁路兼母联接线方式刀闸发热处理

（1）线路开关或者主变开关刀闸发热，可以选取某一出线开关母线侧刀闸，分别双跨母线将双母线硬连，将旁路开关及旁路作为代路开关，隔离发热刀闸；

（2）旁路兼母联刀闸发热，可以选取某一出线开关母线侧刀闸，分别双跨母线将双母线硬连，再将旁路开关转冷备用隔离发热刀闸；

（3）如果母线侧刀闸发热非常严重，可以先合上发热刀闸的另一组刀闸，再拉开发热刀闸，视检修需要再进一步倒闸操作；

（4）如果发热刀闸所在开关供电的变电站负荷可以转移，可在转移变电站负荷后，直接将发热刀闸所在开关停电。

6.4　带简易旁母接线刀闸发热处理

（1）选取某一空充线路，断开该开关后，合上旁路刀闸，再合上开关对旁母充电，检查旁母充电正常，旁母充电正常后方式还原；

（2）选取一个保护对发热刀闸所供线路有灵敏度的开关，合上该开关旁路刀闸与发热刀闸所在开关的旁路刀闸，再将发热刀闸开关转冷备用处理。（备注：该方法需要保护专业同意）

6.5　内桥接线刀闸发热处理

（1）电源所在段主变刀闸发热：切换内桥变电站电源，合上备用电源合环后断开主供进线开关，核实正常运行的主变能带全站负荷，中低压侧并列运行后，断开发热刀闸主变的中低压侧开关，合上主变中性点接地刀闸，拉开 110 kV 母联开关与发热刀闸，视检修需要，将发热刀闸所在母线和主变转冷备用；

（2）备用电源所在段主变刀闸发热：核实正常运行的主变能带全站负荷，中低压侧并列运行后，断开发热刀闸主变的中低压侧开关，合上主变中性点接地刀闸，拉开 110 kV 母联开关与发热刀闸，视检修需要，将发热刀闸所在母线和主变转冷备用。

6.6　外桥接线进线刀闸发热处理

进线刀闸发热时，应将变电站负荷倒由备用线路供电，将原进线刀闸断开，操作参考操作顺序如下：

（1）将备用进线侧母线所在变压器各侧开关转热备用（操作前应核实站内主变中低压侧并列运行）；

（2）将 110 kV 分段开关转热备用；

（3）合上备用电源进线刀闸（此时为刀闸对空母线充电）；

（4）合上 110 kV 分段开关；

（5）将原备用进线侧母线所在变压器各侧开关由热备用转运行；

（6）将发热刀闸所在母线侧变压器转热备用；

（7）将 110 kV 分段开关转热备用；

（8）拉开发热进线刀闸（此时为刀闸拉空母线）；

（9）视检修需要将发热刀闸所在母线和线路转检修。

6.7 案例分析一

6.7.1 电网及事故情况

电网及事故情况如图 6-1 所示。

（1）A 站 110 kV 为双母线带旁母接线方式。

（2）A 站#1 主变 110 kV 侧 101 开关、181 和 183 线路开关运行于 110 kV I 母，#2 主变 110 kV 侧 102、182 线路开关运行于 110 kV II 母，110 kV 旁路 190 开关热备用于 I 母。

（3）A 站 110 kV181 开关所供为一单电源的 110 kV 变电站，其负荷无法转移。

（4）A 站 1811 刀闸发热严重，已达到危重缺陷，需停电处理。

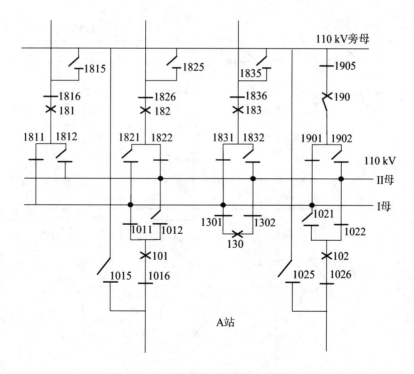

图 6-1　刀闸异常事故情况（案例 1）

6.7.2 调度处理要点

（1）要处理 A 站 1811 刀闸，必须将 A 站 110 kV I 母转冷备用，并将 181 开关转冷备用。

（2）调度可先下令将 A 站 110 kV 旁路 190 开关由热备用转带 181 开关运行于 II 母后，将 181 开关转冷备用。进行此操作后，1811 刀闸无电源流过，将不再发热。

（3）在代路操作完成后，应将 A 站 110 kV 所有运行开关倒至 110 kV II 母运行后，将 A 站 110 kV I 母转冷备用，以进行 1811 刀闸发热的缺陷处理。

6.8 案例分析二

6.8.1 电网及事故情况

电网及事故情况如图 6-2 所示。

（1）A 站 110 kV 为双母线带旁母接线方式。

（2）A 站 #1 主变 110 kV 侧 101 开关、181 和 183 线路开关运行于 110 kV I 母，#2 主变 110 kV 侧 102、182 线路开关运行于 110 kV II 母，110 kV 旁路 190 开关热备用于 I 母。

（3）A 站 110 kV181 开关与 182 开关并列运行供一 110 kV 变电站，此 110 kV 变电站负荷为 60 MW 且无法转移。所有 110 kV 线路均为 LGJ-185 线路，载流量为 500A。

（4）A 站 1816 刀闸发热严重，已达到危重缺陷，需停电处理。

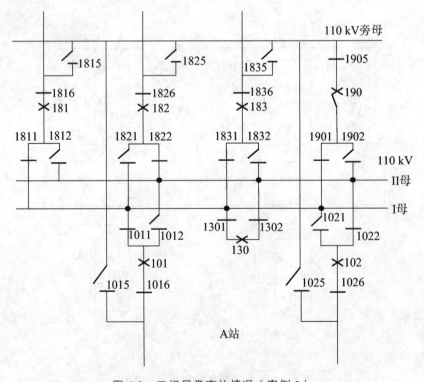

图 6-2 刀闸异常事故情况（案例 2）

6.8.2 调度处理要点

（1）要处理 A 站 1816 刀闸，必须将 A 站 110 kV181 所在线路转检修。

（2）调度在确认 182 线路可带所供 110 kV 变电站的全部负荷后，应下令拉开 A 站 181 开关及此线路对侧的开关。进行此操作后，1816 刀闸无电源流过，将不再发热。

（3）调度应将 181 线路转检修后，通知相关人员进行处理。

6.9 案例分析三

6.9.1 电网及事故情况

电网及事故情况如图 6-3 所示。

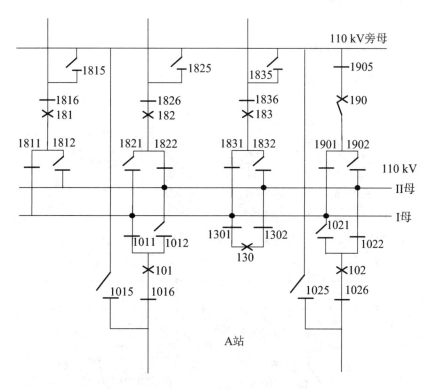

图 6-3 刀闸异常事故情况（案例 3）

（1）A 站 110 kV 为双母线带旁母接线方式。

（2）A 站#1 主变 110 kV 侧 101 开关、181 和 183 线路开关运行于 110 kV I 母，#2 主变 110 kV 侧 102、182 线路开关运行于 110 kV II 母，110 kV 旁路 190 开关热备用于 I 母。

（3）A 站 110 kV181 开关供一 110 kV 变电站，由于电网相关设备检修，在两天内此 110 kV 变电站无法转移走。

（4）A 站 1816 刀闸发热严重，已达到危重缺陷。

6.9.2 调度处理要点

（1）由于要处理 A 站 1816 刀闸，必须将 A 站 110 kV181 所在线路转检修，而 A 站 110 kV181 开关所供 110 kV 变电站因电网相关设备检修，两天内负荷无法转移走，调度应考虑采取其他措施，降低 A 站 1816 刀闸流过的电流，以控制此刀闸的发热。

（2）由于 A 站 110 kV 旁路 190 开关可通知，可下令将 110 kV 旁路 190 开关由热备用转代 181 开关运行于 110 kV Ⅰ 母后，拉开 A 站 181 开关。进行此操作后，1816 刀闸无电源流过，将不再发热。

（3）待 181 线路所供 110 kV 变电站转移走后，将线路转检修，A 站 110 kV 旁路 190 开关恢复 Ⅰ 母热备用，进行 1816 刀闸的发热缺陷处理。

6.10 案例分析四

6.10.1 电网及事故情况

电网及事故情况如图 6-4 所示。

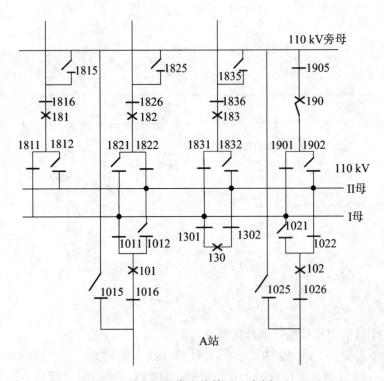

图 6-4 刀闸异常事故情况（案例 4）

（1）A 站 110 kV 为双母线带旁母接线方式。

（2）A 站#1 主变 110 kV 侧 101 开关、181 和 183 线路开关运行于 110 kV Ⅰ 母，#2 主变

110 kV 侧 102、182 线路开关运行于 110 kV Ⅱ母，110 kV 旁路 190 开关热备用于 Ⅰ母。

（3）A 站 110 kV 母联 1301 刀闸发热严重，已达到危重缺陷。缺陷发现时间为深夜。

6.10.2 调度处理要点

（1）要处理 A 站 110 kV 母联 1301 刀闸发热，必须将 A 站 110 kV Ⅰ母转冷备用。

（2）由于缺陷发现时间为深夜，若立即进行倒母停电操作，因操作准备不充分，操作风险增大，且深夜也不利于检修人员处理缺陷。故考虑用临时方式缓解发热问题。

（3）就 A 站而言，可在取下 110 kV 母联 130 开关的控制保险后，合上 110 kV 旁路 1902 刀闸，由 1901、1902 刀闸硬联 110 kV Ⅰ、Ⅱ母运行后，给上 110 kV 母联 130 开关的控制保护，将 130 开关转冷备用。进行此操作后，1301 刀闸无电源流过，将不再发热。

（4）在准备充分后，将 A 站 110 kV 所有运行开关倒至 110 kV Ⅱ母运行后，将 A 站 110 kV Ⅰ母转冷备用，以进行 1301 刀闸发热的缺陷处理。

6.11   案例分析五

6.11.1   电网及事故情况

电网及事故情况如图 6-5 所示。

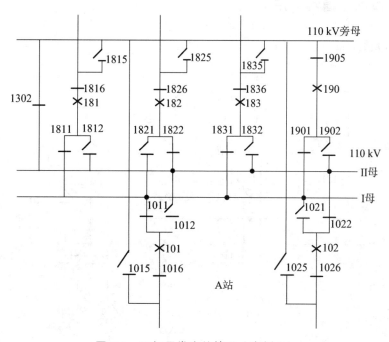

图 6-5   刀闸异常事故情况（案例 5）

（1）A 站 110 kV 为双母线旁路兼母联接线方式。

（2）A站#1主变110 kV侧101开关、181和183线路开关运行于110 kV I母，其中183开关为对线路充电状态，未带任何负荷。#2主变110 kV侧102、182线路开关运行于110 kV II母，110 kV旁路190开关做母联开关运行，1302刀闸合上。

（3）A站110 kV旁路1905刀闸严重发热，已达到危急缺陷，需停电处理。

6.11.2 调度处理要点

（1）要处理A站110 kV旁路1905刀闸发热，必须将A站110 kV旁母转冷备用。

（2）若采取倒母方式，将A站110 kV运行开关倒至110 kV I母或II母运行，再将A站110 kV旁母转冷备用，则操作量过大，且在倒母过程中如某一母刀拉、合出现问题将影响处缺工作的进行。故考虑选用适当的开关，用其 I、II母母刀硬联110 kV母线运行后，停用110 kV旁母。

（3）应此情况而言，182开关可用。可下令将182开关转热备用，取下110 kV旁路190开关控制保险后，合上1821刀闸硬联110 kV I、II母，再拉开110 kV母联1302刀闸。进行此操作后，1905刀闸无电源流过，将不再发热。

（4）最后给上110 kV旁路190开关控制保险后，将110 kV旁母转冷用，以进行缺陷处理。

6.12 案例分析六

6.12.1 电网及事故情况

电网及事故情况如图6-6所示。

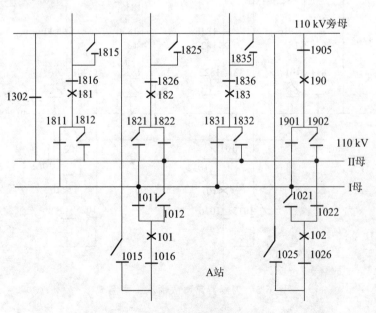

图6-6 刀闸异常事故情况（案例6）

（1）A 站 110 kV 为双母线旁路兼母联接线方式。

（2）A 站#1 主变 110 kV 侧 101 开关、181 和 183 线路开关运行于 110 kV Ⅰ 母，其中 181 开关带一重要 110 kV 变电站，正处于保电时期，且此站负荷无法转移。#2 主变 110 kV 侧 102、182 线路开关运行于 110 kV Ⅱ 母，110 kV 旁路 190 开关做母联开关运行，1302 刀闸合上。

（3）A 站 1816 刀闸严重发热，已达到危急缺陷。

6.12.2 调度处理要点

（1）要处理 A 站 1816 刀闸发热，必须将 1816 线路转检修。

（2）181 开关带一重要 110 kV 变电站，正处于保电时期，且此站负荷无法转移，调度应考虑采取其他措施，降低 A 站 1816 刀闸流过的电流，以控制此刀闸的发热。可考虑由 110 kV 旁路 190 开关代 181 开关运行的方式。

（3）由于目前 190 开关做母联开关运行，要使用 190 开关做旁路开关有两种方式：一是将 A 站 110 kV 运行开关倒至一段母线运行以空出 190 开关，另一种是选用适当的开关，用其 Ⅰ、Ⅱ 母母刀硬联 110 kV 母线运行后空出 190 开关。这里选用后一种方式，操作量小，有优势。

（4）应此情况而言，182 开关可用。可下令将 182 开关转热备用，取下 110 kV 旁路 190 开关控制保险后，合上 1821 刀闸硬联 110 kV Ⅰ、Ⅱ 母，再拉开 110 kV 母联 1302 刀闸。取下 181 开关控制保险后，合上 1815 刀闸，最后给上 110 kV 旁路 190 开关及 191 开关的控制保险，将 181 开关转冷用。应注意 190 开关启用代 181 开关的定值。进行此操作后，1815 刀闸无电源流过，将不再发热。

（5）在 181 线路可以停电后，将 181 线路转检修，进行缺陷处理。注意将线路转检修后，应恢复 190 开关做母联开关的运行方式，182 开关恢复为运行于 Ⅱ 母对线路充电的方式。

6.13 案例分析七

6.13.1 电网及事故情况

电网及事故情况如图 6-7 所示。

（1）B 站 110 kV 为单母线带简易旁母接线方式。

（2）AB 线为 B 站的主供电源；B 站 BC 线 182 开关带一重要负荷，正处于保电时期，且此站负荷无法转移；B 站 BD 线 183 开关对线路充电。

（3）B 站 BC 线 1826 刀闸严重发热，已达到危重缺陷，且无法带电处理。

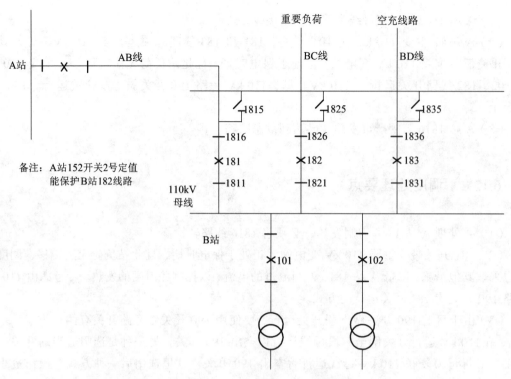

图 6-7 刀闸异常事故情况（案例 7）

6.13.2 调度处理要点

（1）要处理 B 站 1826 刀闸发热，必须将 BC 线线路转检修。

（2）由于 BC 线带一重要负荷，正处于保电时期，且此站负荷无法转移，调度应考虑采取其他措施，降低 B 站 1826 刀闸流过的电流，以控制此刀闸的发热。可考虑由 B 站 BD 线 183 开关代 182 开关运行的方式。

（3）注意必须用开关对 B 站 110 kV 旁母充电，即可将 B 站 BD 线 183 开关转热备用后，合上 1835 旁路刀闸，再将 BD 线 183 开关转运行充旁母，旁母充电正常后，183 开关线路保护应调用适当的定值，代 BC 线 182 开关运行，再将 182 开关转冷备用。进行此操作后，1826 刀闸无电源流过，将不再发热。

（4）在 BC 线路可以停电后，将 BC 线线路转检修，B 站 110 kV 旁母转冷备用，进行缺陷处理。注意：将线路转检修后，应恢复 B 站 BD 线 183 开关对 BD 线充电的方式。

6.14 案例分析八

6.14.1 电网及事故情况

电网及事故情况如图 6-8 所示。

（1）110 kVA 站为内桥接线站，由 AB 线供电，AB 线 181 开关运行，AC 线 182 开关热备用；110 kV 分段 130 开关、35 kV 分段 530 开关运行，10 kV 分段 930 开关热备用，启用 10 kV 分段备自投。

（2）A 站一台主变可带全站负荷。

（3）A 站#1 主变 110 kV 侧 1011 刀闸严重发热，已达到危急缺陷，且无法带电处理。

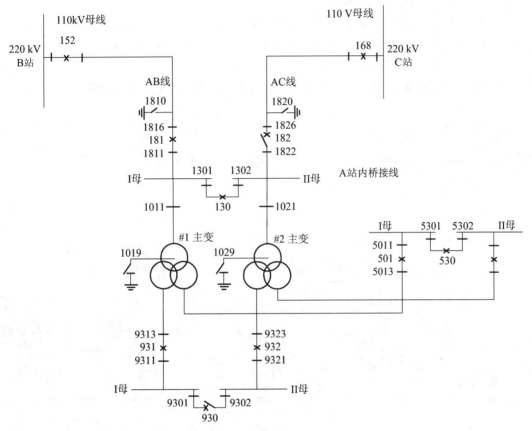

图 6-8　刀闸异常事故情况（案例 8）

6.14.2　调度处理要点

（1）要处理 A 站#1 主变 110 kV 侧刀闸发热，必须将 B 站 110 kV I 母及#1 主变停电。

（2）要停用 A 站#1 主变，应先确认#2 主变可带全站负荷，否则需进行负荷转移或控制。

（3）在 A 站#2 主变可带全站负荷后，应合上 B 站 10 kV 分段 930 开关后，拉开#1 主变 10 kV 侧 931 开关和#1 主变 35 kV 侧 501 开关。经过上述操作后，1826 刀闸无电源流过，将不再发热。

（4）在确认 B、C 站 220 kV 是同一系统后，合上 A 站 AC 线 182 开关并检查已带上负荷，再拉开 A 站 AB 线 181 开关，将 A 站#2 主变转由 AC 线供电。

（5）在合上 A 站#1 主变中性点 1019 接地刀闸后，将 110 kV 分段 130 开关转冷备用，AB 线 181 开关转冷备用，拉开#1 主变 110 kV 侧 1011 刀闸，将#1 主变 501、931 开关转冷备用，以进行缺陷处理。

6.15 案例分析九

6.15.1 电网及事故情况

电网及事故情况如图 6-9 所示。

（1）110 kVA 站为外桥接线站，由 AB 线供电，AB 线 181 开关运行，AC 线 182 开关热备用；110 kV 分段 130 开关、35 kV 分段 530 开关、10 kV 分段 930 开关运行。

（2）A 站一台主变可带全站负荷。

（3）A 站 AB 线 1816 刀闸严重发热，已达到危重缺陷，且无法带电处理。

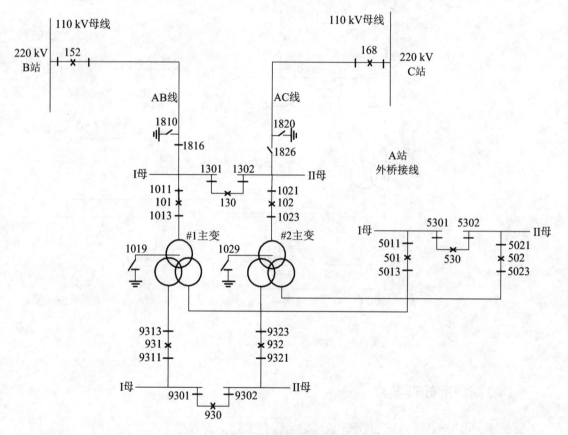

图 6-9　刀闸异常事故情况（案例 9）

6.15.2 调度处理要点

（1）要处理 A 站 1816 刀闸发热，必须将 A 站 110 kV I 母及 AB 线停电。

（2）要停用 A 站 110 kV I 母及 AB 线，需将 A 站转由 AC 线供电，由于此站为外桥接线，要交接拉合 1816、1826 刀闸，需在#1、#2 主变、130 开关热备用的情况下进行，应先确认#2 主变可带全站负荷，否则需进行负荷转移或控制。

（3）在 A 站#2 主变可带全站负荷后，先将#2 主变转热备用，拉开 110 kV 分段 130 开关，再合上 A 站 AC 线 1826 刀闸；在确认 B、C 站 220 kV 是同一系统后，合上 110 kV 分段 130 开关合环，将 A 站#2 主变转运行，带全站负荷，将#1 主变转热备用后拉开 110 kV 分段 130 开关解环；拉开 A 站 AB 线 1816 刀闸后，将 A 站 110 kV Ⅰ 母转冷备用，再将 AB 线线路转检修以进行缺陷处理工作。

第 7 章

电压互感器异常处理

7.1 电压互感器所接入的保护与自动装置

电压互感器（TV）所接入的保护与自动装置有：距离保护、高频保护、方向保护、低周减载和低电压减载、低电压闭锁、自投装置、同期重合闸。当 TV 出现故障时，以上的保护及自动装置均不起作用或可能误动。

正常停用电压互感器时应注意以下事项：

（1）停用 TV 时，为防止误动，应先考虑停用该 TV 所带保护及自动装置；

（2）若 TV 装有自动切换装置或手动切换装置，其所带保护和自动装置可不停用；

（3）当 TV 停用时，根据需要可将其二次侧开关断开（熔断器取下），防止反充电。

7.2 TV 故障类型

TV 故障可分为本体故障及 TV 二次回路故障。常见故障如下：

1. TV 本体故障（一次）

（1）TV 内部断线（TV 断相）；

（2）TV 内部短路（高压熔丝熔断）；

（3）轻微故障：有异常声音、瓷瓶有裂缝、渗漏油、接头发热；

（4）严重故障（紧急）：大量漏油、喷油、内部发出焦臭味、冒烟、着火异常声响。

2. TV 二次回路故障（TV 二次熔丝以下部分）

（1）低压熔丝熔断；

（2）低压断线。

7.3 TV 故障的处理

电压互感器发生异常而可能发生故障时，按下列原则处理：

（1）迅速停用失去电压可能误动的保护和自动装置；

（2）禁止在二次侧进行电压切换；

（3）严禁用刀闸断开故障电压互感器；

（4）为迅速隔离故障电压互感器，值班调度员将该母线上的所有元件移至完好母线（或停电），然后用母联（或其他开关）切断接有故障电压互感器的电源，再断开故障电压互感器；

（5）故障电压互感器隔离后，尽快使二次电压恢复正常，投入所停用的保护和自动装置。

7.4 案例分析一

7.4.1 电网及异常情况

电网及异常情况如图 7-1 所示。

（1）220 kVA 站为双母线带旁母接线方式；AD 线 151 开关、AF 一线 153 开关、AG 线 155 开关、AI 线 157 开关运行于 I 母；AE 线 152 开关、AF 二线 154 开关、AH 线 156 开关运行于 II 母。

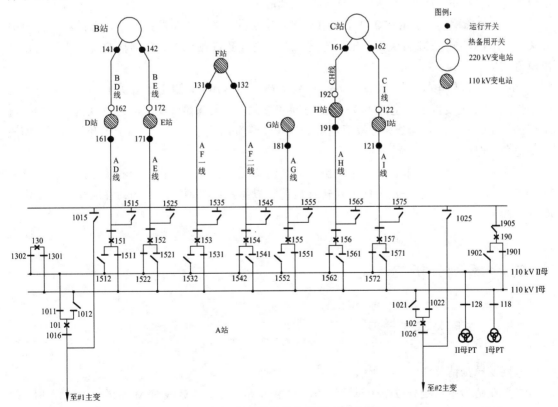

图 7-1　电压互感器异常事故情况（案例 1）

（2）220 kVB 站 BD 线 141 开关及 BF 线 142 开关对线路充电。

（3）220 kVC 站 CH 线 161 开关及 CI 线 162 开关对线路充电。

（4）G 站负荷无法转移。

（5）巡视发现 A 站 110 kV I 母 TV 渗油严重、声响异常。

7.4.2　调度处理要点

（1）调度应与现场核实是否已按现场运行规程调整了相关保护；

（2）因为 110 kV I 母 TV 渗油严重、声响异常，所以应尽快停用此 TV，但不能直接拉开 118 刀闸，而是用开关来停用异常 TV；

（3）因为在操作过程中，TV 的异常情况可能进一步发展为故障，所以尽量不考虑倒母方式转移 A 站 110 kV I 母负荷，以及现场带电拉合刀闸的操作。若用倒母方式转移负荷，在倒母过程中，如果 TV 的异常情况发展为故障，母差大差保护动作将跳开 110 kV 所有开关，造成大面积停电，若此时人员现场操作刀部，发生 TV 爆炸等情况，将威胁人身安全。

（4）就此网络而言，应采用遥控方式，将 D 站倒至 BD 线由 B 站供电，并断开 A 站 AD 线 151 开关，将 I 站倒 CI 线并由 C 站供电，并断开 A 站 AI 线 157 开关，控制 F 站负荷，保证 AF 二线单回供 F 站不过载后断开 A 站 AF 一线 153 开关，通知 G 站用户短时停电后断开 A 站 AG 线 155 开关，最后断开 A 站 110 kV 分段 130 开关及#1 主变 101 开关，使 110 kV I 母停电后，拉开 110 kV I 母 TV118 刀闸隔离故障。

（5）在故障隔离后，由 110 kV II 母 TV 带二次负荷，恢复相关保护，合上 A 站#1 主变 101 开关及 110 kV 分段 130 开关，送出 AG 线 155 开关恢复 G 站供电，并调整 D 站、I 站为正常供电方式。

（6）在进行停电操作时应注意，拉开 A 站#1 主变 110 kV 侧 101 开关前，注意调整主变的中性点，#2 主变带余下全部 110 kV 负荷即使过载，只要满足《变压器运行规程》中主变过负荷的规定，就可进行操作，但故障隔离后应尽快恢复#1 主变 110 kV 侧 101 开关运行，缩短主变过负荷时间。

（7）若 G 站不能停电，确需采用倒母方式转移负荷，应经主管生产的领导同意，并且只能 AG 线倒母，其余设备按上述方式转移负荷，以缩短母线硬联的时间，并减少现场操作刀闸的风险。

7.5　案例分析二

7.5.1　电网及异常情况

电网及异常情况如图 7-2 所示。

（1）M 站为单母线分段带旁母接线方式，由 A 站 110 kVAM 线对 M 站供电；M 站 MC 线 142 开关对线路充电，MD 线 143 开关运行供 D 站负荷；110 kVBM 线 144 开关热备用；M 站启用了 110 kV 线路备自投，备自投方式为 AM 线 141 开关与 BM 线 144 开关互为备用；M 站 10 kV 分段 930 开关热备用，启用了 10 kV 分段备自投；M 站启用了 110 kV 母差保护。

（2）D 站负荷无法转移。

（3）巡视发现 M 站 110 kV I 母 TV 渗油严重、声响异常。

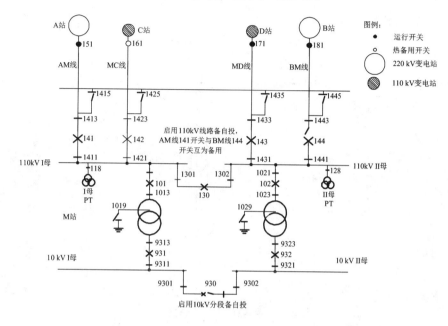

图 7-2　电压互感器异常事故情况（案例 2）

7.5.2　调度处理要点

（1）调度应与现场核实是否已按现场运行规程调整了相关保护；

（2）因为 110 kV I 母 TV 渗油严重、声响异常，所以应尽快停用此 TV，但不能直接拉开 118 刀闸，而是用开关来停用异常 TV；

（3）因为 M 站 MC 线 142 开关为对线路充电的开关，所以可遥控拉开此开关。

（4）要使 M 站 110 kV I 母停电，应先将 M 站转由 110 kVBM 线供电，可合上 M 站 BM 线 144 开关后，拉开 M 站 AM 线 141 开关。若在已合环未解环的情况下，M 站 110 kV I 母 TV 异常发展为故障，M 站母差保护动作可跳开 110 kV I 母，此时 M 站 110 kV II 母带电，10 kV 分段备自投动作可保证对负荷的供电。

（5）在将 M 站倒由 BM 线供电后，合上 M 站 10 kV 分段 930 开关，将#1 主变转热备用后，拉开 110 kV 分段 130 开关，使 110 kV I 母停电，再拉开 118 刀闸，隔离故障 TV。

（6）在故障隔离后，由 110 kV II 母 TV 带二次负荷，恢复相关保护，合上 M 站由 110 kV 分段 130 开关，恢复 #1 主变运行并调整 M 站为正常供电方式。

（7）在进行 M 站#1 主变停电操作时应注意，#2 主变带全部负荷即使过载，只要满足《变压器运行规程》中主变过负荷的规定，就可进行操作，但故障隔离后应尽快恢复#1 主变运行，缩短主变过负荷时间。

7.6 案例分析三

7.6.1 电网及事故情况

电网及事故情况如图 7-3 所示。

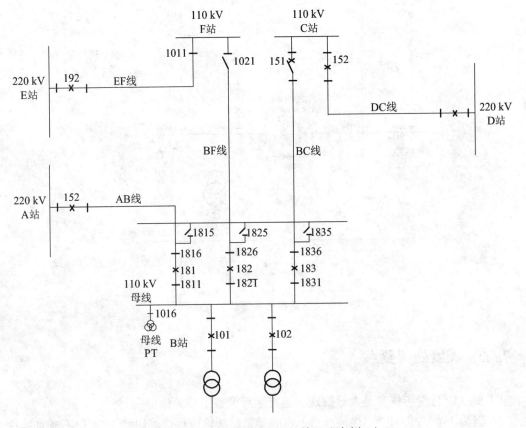

图 7-3 电压互感器异常事故情况（案例 3）

（1）B 站为单母线带旁母接线方式，由 A 站经 110 kVAB 线供电。B 站 110 kVBF 线 182 开关对线路充电，110 kVBC 线 183 开关对线路充电。

（2）F 站由 E 站经 110 kVEF 线供电，BF 线 1021 刀闸断开。

（3）C 站由 D 站经 110 kVDC 线供电，BC 线 151 开关热备用。

（4）B 站 110 kV 母线 TV 漏油严重，站内所供负荷只允许短时停电。

7.6.2 调度处理要点

（1）此种情况应尽快停用异常 PT。

（2）由于 B 站 BF 线 182 开及 BC 线 183 开关对线路充电，可拉停 182 及 183 开关，防止保护误动；由于 B 站 BF 线为受端开关，可立即停用 BF 线 181 开关线路保护及重合闸，防止保护误动。

（3）当运行中的 TV 发生明显异常时，禁止用 TV 刀闸隔离 TV，必须用开关隔离。可将 B 站站内主变及 110 kV 母线停电后，将 110 kV 母线 TV 由运行转冷备用。

（4）在 TV 已隔离后，应由 B 站 BF 线 181 开关恢复 B 站 110 kV 母线供电。

（5）在停用 B 站#1 主变、#2 主变零序过压保护后恢复 B 站#1、#2 主变运行。

（6）对 110 kVBC 线，可由 C 站 151 开关恢复其供电，B 站 183 开关保持热备用状态以恢复网络结构，B 站 183 开关线路保护及重合闸不得恢复。

（7）在 B 站 110 kV 母线 PT 停电期间，B 站 181 开关、183 开关仅能作为终端开关。

7.7 案例分析四

7.7.1 电网及异常情况

电网及异常情况如图 7-4 所示。

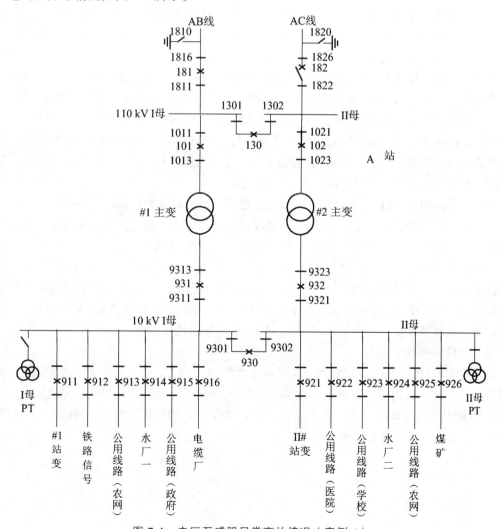

图 7-4 电压互感器异常事故情况（案例 4）

（1）A站两台主变并列运行，由于10kVⅠ母TV故障，已经转冷备用隔离；

（2）经现场检修后，确认10kVTV本体及二次并列装置有缺陷，短时无法处理，现场要求采用10kVTV二次不经并列装置直接硬连。

7.7.2　调度处理要点

（1）调度应清楚10kVTV所取电压用于哪些保护。

对A站#1主变，其10kV复合电压闭锁过流保护中的电压取至10kVTV，110kV复合电压闭锁过流保护的电压取自10kV及110kV母线TV。

（2）调度应清楚10kVTV均正常运行及当10kV一段母线TV停电，TV二次通过并列装置并列后，相关设备故障跳闸的保护动作逻辑：

① 当10kVⅠ、Ⅱ母TV均正常运行时，若10kVⅠ母故障，由于两台主变并列运行，10kV母线电压同时降低，#1、#2主变同时对故障点供电，其10kV复合电压闭锁过流保护均启动，经第一时限动作跳开930开关。在930开关跳开后，#2主变不再对故障点提供电流，保护复归，#1主变仍对故障点供电，且电压未恢复，由#1主变10kV复合电压闭锁过流保护第2时限动作跳开931开关，切除故障。

② 当10kVⅠ母TV停电工作时，通过并列装置实现TV二次并列。若10kVⅠ母故障，由于两台主变并列运行，10kV母线电压同时降低，#1、#2主变同时对故障点供电，其10kV复合电压闭锁过流保护均启动，经第一时限动作跳开930开关。在930开关跳开后，#2主变不再对故障点提供电流，保护复归，#1主变仍对故障点供电，由于930开关跳闸，TV二次并列回路取有930开关的位置，此时#1主变10kV复合电压闭锁过流保护所取电压为0，保护仍动作，经第2时限动作跳开931开关，切除故障。

（3）调度应清楚10kVTV二次不经并列装置直接硬连对保护的影响。

当TV二次采取硬连方式，如果保护不做调整，若10kVⅠ母故障，10kVTV二次电压降低，#1、#2主变10kV复合电压闭锁过流保护均开放，第一时限动作于跳开930开关，此时，#2主变低后备保护故障电流消失、电压恢复正常，#2主变保护返回不动作。而对于#1主变低后备保护，故障电流虽然存在，但由于TV二次采取硬连方式，#1主变低后备保护中感受到的电压为10kVⅡ母TV提供的正常电压，使#1主变10kV复合电压过流保护不开放，931开关不跳闸，只能依靠上级保护动作来切除故障，引起越级跳闸。

（4）对保护的调整要求。

运行时需将#1主变110kV复合电压闭锁过流保护和10kV复合电压闭锁过流保护中的电压闭锁元件退出，电压元件退出后，#1主变10kV侧复压闭锁过流保护变为纯过流保护，能正确跳开931开关，切除故障。如果低后备保护拒动或者931开关拒动，高后备电压闭锁元件也开放，确保高后备保护正确动作。

第 8 章

综合型异常事故处理

8.1 案例分析一

8.1.1 电网及故障情况

电网及故障情况如图 8-1、8-2 所示。

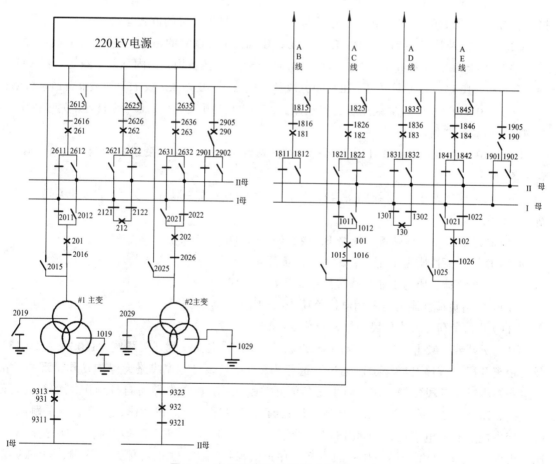

图 8-1 电网异常事故情况（案例 1-1）

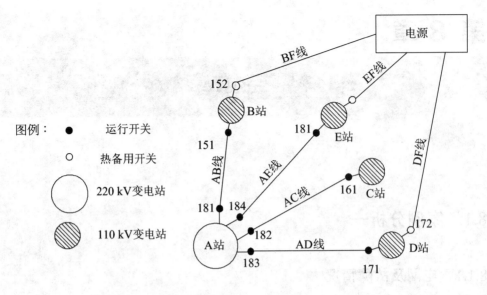

图例：
● 运行开关
○ 热备用开关
○ 220 kV变电站
◎ 110 kV变电站

图 8-2　电网异常事故情况（案例 1-2）

（1）220 kVA 站为双母线带旁母接线方式，#2 主变中性点直接接地，#1 主变中性点间隙接地；220 kV 及 110 kV 的出线开关按单号上Ⅰ母、双号上Ⅱ母的方式运行；

（2）220 kVA 站直供 110 kVB、E、C、D，B、E、C、D 站的站内运行主变均间隙接地；

（3）110 kVB 站 AB 线 151 开关运行，BF 线 152 开关热备用，站内三台两圈变，其 10 kV 侧分列运行，10 kVⅠ、Ⅱ母及Ⅱ、Ⅲ母间分段备自投启用；B 站 AB 线 151 开关投普通重合闸；

（4）110 kVE 站 110 kV 线路备自投启用，AE 线 181 开关运行，EF 线 182 开关热备用，站内两台两圈变并列运行；

（5）110 kVC 站 AC 线 161 开关运行，站内两台两圈变，#1 主变运行带全站负荷，#2 主变热备用；

（6）110 kVD 站 110 kV 线路备自投投入，AD 线 171 开关运行，DF 线 172 开关热备用，站内一台两圈变；

（7）B 站、C 站、D 站备用线路 BF 线、EF 线、DF 线均带电；

（8）B 站负荷性质为工业、居民用电，负荷 40 MW；

（9）C 站负荷性质为工业、居民用电，负荷 6 MW；

（10）D 站负荷性质为居民用电，负荷 10 MW；

（11）E 站负荷性质为居民用电，负荷 30 MW；

（12）A站#1、#2主变110 kV侧间隙过流保护动作，主变三侧开关跳闸，110 kV AB线181开关距离Ⅱ段、零序Ⅱ段保护启动过，选相为B相；其余110 kV线路无保护动作情况。E站#1主变零序过流Ⅱ段保护动作，#1主变各侧开关跳闸；110 kV线路备自投动作，AE线181开关跳闸，EF线182开关合闸。B站全站失压；#1主变零序过压保护动作，主变各开关跳闸；#2主变中性点有放电痕迹；AB线151开关距离Ⅰ段动作跳闸，重合闸动作成功。C站全站失压；无保护动作。D站全站失压；#1主变零序过流保护动作，主变各侧开关跳闸，110 kV线路备自投未动作。

8.1.2 调度处理要点

（1）对事故的保护动作情况进行正确的分析。

①由于 A 站#1、#2 主变间隙保护动作跳开主变各侧开关，但 A 站 110 kVAB 线 181 开关距离Ⅱ段、零序Ⅱ段保护启动过，说明 A 站所供 110 kV 系统在发生单相接地故障时 A 站#2 主变中性点接地完好，如果故障发生后，A 站#2 主变中性点发生烧断等情况，A 站所供 110 kV 系统变为非直接接地系统，而事故仍存在，但故障电流明显减少，A 站 110 kVAB 线 181 开关距离Ⅱ段、零序Ⅱ段将复归，但 A 站主变中性点间隙电压增大，将通过#1、#2 主变间隙保护动作跳闸来切除故障。另外，还存在一种可能性是 A 站#2 主变 110 kV 侧间隙保护 TA 接错，将套管 TA 与中性点 TA 接反，当 A 站所供 110 kV 系统在发生单相接地故障时，#2 主变的间隙过流保护与 110 kVAB 线 181 开关距离Ⅱ段、零序Ⅱ段保护同时启动，但#2 主变的间隙过流保护跳闸时间为 0.5 s，远小于 110 kVAB 线 181 开关距离Ⅱ段、零序Ⅱ段保护跳闸时间 1.0 s，使 A 站#2 主变跳闸；当#2 主变跳闸后 A 站所供 110 kV 系统变为非接地系统，而事故仍存在，但故障电流明显减少，A 站 110 kVAB 线 181 开关距离Ⅱ段、零序Ⅱ段将复归，但 A 站主变中性点间隙电压增大，将通过#1 主变间隙保护动作跳闸来切除故障。

②B 站#1 主变零序过压保护动作，跳开主变各侧开关，D 站#1 主变零序过流保护动作，跳开主变各侧开关，E 站#1 主变零序过流Ⅱ段保护动作，跳开主变各侧开关。若 A 站所供 110 kV 系统确为接地系统，而且 A 站#2 主变 110 kV 中性点接地良好，当 110 kV 系统发生故障时，上述主变的间隙保护、零序过压保护、零序过流保护将不会动作；只有当 A 站#2 主变 110 kV 中性点未可靠接地，其所供的 110 kV 系统又发生了接地故障时，正常相的相电压升高，产生了零序电压，系统内主变 110 kV 侧中性点电压升高，部分站主变中性点相继击穿，造成上述保护动作现象。由此可初步判断，当 A 站 110 kV 失去中性点接地后，其所供 110 kV 系统仍存在接地故障，将造成此次大范围跳闸。

③B 站#2 主变中性点有放电痕迹，AB 线 151 开关距离Ⅰ段保护动作跳闸后重合成功，可初步判断故障点在 AB 线路。由于当 B 站#2 主变中性点击穿后，110 kV 成为接地系统，B 站提供他故障电流的回路，接地故障时有大的故障电流出现，使 B 站 AB 线 151 开关距离Ⅰ段保护动作跳闸，而 151 开关投的是普通重合闸，当 A 站两台主变均跳开后，AB 线无电。151 开关重合后，即使线路故障仍存在，也无电流提供，重合闸动作将成功。

④D 站#1 主变已跳闸，而 110 kV 线路备自投未动作，不能对 D 站直接试送电，应派人至现场检查后，根据结果进行处理。

（2）对事故的初步处理：

①通知 A 站值班员检查#1、#2 主变中性点接地情况，检查#2 主变间隙保护所用 TA 接线是否有问题，并启用保站用电预案；检查#1 主变、110 kV 母线、AC 线 182 开关是否具备送电条件；

②通知相关县调 B、C、D 站已失压，启用相关预案；注意监视 E 站#2 主变负荷，按《变压器运行规程》主变事故过负荷的规定（或现场运行规程的规定），控制#2 主变负荷；

③通知运行及检修人员检查 B、C、D、E 站站内设备；

④通知线路运行维护人员对 110 kV 线路，优先安排 110 kVAB 线的事故后带电巡线；

⑤将 B 站 AB 线 151 开关转热备用，将 BF 线 152 开关由热备用转运行恢复 B 站供电；

⑥停用 B 站 10 kV Ⅰ、Ⅱ母及Ⅱ、Ⅲ母间分段备自投，将 10 kV Ⅰ、Ⅱ母分段 930 开关和Ⅱ、Ⅲ母分段 940 开关由热备用转运行恢复 B 站全站供电，并通知相关县调；

⑦停用 D 站 110 kV 线路备自投，启用 AD 线 171 开关、DF 线 172 开关线路保护及重合闸；

⑧将 A 站 110 kV 各出线开关由运行转热备用为送电做好准备。

（3）现场检查后的进一步处理：

①E 站#1 主变检查无异常后，将#1 主变由热备用转运行恢复#1 主变送电；

②B 站#1 主变检查无异常后，将#1 主变由热备用转运行恢复#1 主变送电；

③确认 D 站除 110 kV 线路备自投装置外站内其余设备无问题，具备带电条件后，将 AD 线 171 开关由运行转热备用，将 DF 线 172 开关由热备用转运行，D 站#1 主变检查无异常后，将#1 主变由热备用转运行恢复 D 站供电，并通知相关县调；

④若 A 站检查结果为#2 主变中性点接地烧断，在确认 A 站#1 主变、110 kV 母线、110 kVAC 线 182 开关具备带电条件后，送出 A 站#1 主变、110 kV 母线、110 kVAC 线 182 开关，恢复 C 站供电，A 站#1 主变保持直接接地。根据现场要求，将 A 站#2 主变转冷备用进行处理。在巡线结果出来后，送出无异常线路，将需停电处理的线路转检修，调整电网运行方式，将不受检修影响的设备恢复正常运行方式。

⑤若 A 站检查发现 A 站#1、#2 主变套管 TA 与中性点 TA 接反，A 站 110 kV 母线及 AE 线 184 开关、AC 线 182 开关具备带电条件，经主管生产领导同意，可选择由 E 站送出 AE 线，AE 线上 A 站 110 kV 母线转供 AC 线带 C 站负荷，通知 C 相关县调设备送电情况。将 A 站#1、#2 主变停电，对#1、#2 主变缺陷进行处理。在 A 站#1、#2 主变处理完成后，送出主变，并调整 E、C 站方式为正常方式。在巡线结果出来后，送出无异常线路，将需停电处理的线路转检修，调整电网运行方式，将不受检修影响的设备恢复正常运行方式。

（4）对涉及带电合环的操作，向省调确认相关 220 kV 是同一系统后方可进行

（5）及时将事故及处理情况汇报领导，并通知相关人员

8.2 案例分析二

8.2.1 电网及故障情况

电网及故障情况如图 8-3、8-4 所示。

（1）220 kVA 站为双母线带旁母接线方式，#2 主变中性点直接接地，#1 主变中性点间隙接地；220 kV 及 110 kV 的出线开关按单号上Ⅰ母、双号上Ⅱ母的方式运行；

（2）220 kVA 站直供 110 kVB、E、C、D，B、E、C、D 站的站内运行主变均间隙接地；

（3）110 kVB 站 AB 线 151 开关运行，BF 线 152 开关热备用，站内三台两圈变，其 10 kV 侧分列运行，10 kV Ⅰ、Ⅱ母及Ⅱ、Ⅲ母间分段备自投启用；B 站 AB 线 151 开关投普通重合闸；

（4）110 kVE 站 110 kV 线路备自投启用，AE 线 181 开关运行，EF 线 182 开关热备用，站内两台两圈变并列运行；

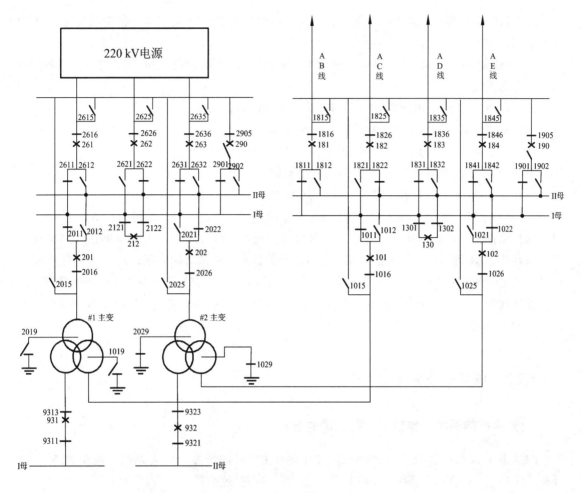

图 8-3　电网异常事故情况（案例 2-1）

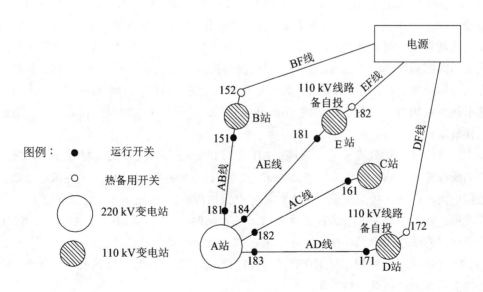

图 8-4　电网异常事故情况（案例 2-2）

（5）110 kVC 站 AC 线 161 开关运行，站内两台两圈变，#1 主变运行带全站负荷，#2 主变热备用；

（6）110 kVD 站 110 kV 线路备自投投入，AD 线 171 开关运行，DF 线 172 开关热备用，站内一台两圈变；

（7）B、C、D 站备用线路 BF 线、EF 线、DF 线均带电；

（8）B 站负荷性质为工业、居民用电，负荷 40 MW；

（9）C 站负荷性质为工业、居民用电，负荷 6 MW；

（10）D 站负荷性质为居民用电，负荷 10 MW；

（11）E 站负荷性质为居民用电，负荷 30 MW；

（12）A 站#1、#2 主变 110 kV 侧间隙过流保护动作，主变三侧开关跳闸，站内 110 kV 线路无保护动作情况。E 站#1 主变零序过流 II 段保护动作，#1 主变各侧开关跳闸；110 kV 线路备自投动作，AE 线 181 开关跳闸，EF 线 182 开关合闸。B 站全站失压；#1 主变零序过压保护动作，主变各开关跳闸；#2 主变中性点有放电痕迹；AB 线 151 开关距离 I 段动作跳闸，重合闸动作成功。C 站全站失压；无保护动作。D 站全站失压；#1 主变零序过流保护动作，主变各侧开关跳闸，110 kV 线路备自投未动作。

8.2.2 调度处理要点

1. 对事故的保护动作情况进行正确的分析

（1）由于 A 站#1、#2 主变间隙保护动作跳开主变各侧开关，且 A 站的站内 110 kV 线路保护均未启动，说明 A 站所供 110 kV 系统在发生单相接地故障为非直接接地系统，A 站主变中性点间隙电压增大，将通过#1、#2 主变间隙保护动作跳闸来切除故障。

（2）B 站#1 主变零序过压保护动作，跳开主变各侧开关，D 站#1 主变零序过流保护动作，跳开主变各侧开关，E 站#1 主变零序过流 II 段保护动作，跳开主变各侧开关。若 A 站所供 110 kV 系统确为接地系统，而且 A 站#2 主变 110 kV 中性点接地良好，当 110 kV 系统发生故障时，上述主变的间隙保护、零序过压保护、零序过流保护将不会动作；只有当 A 站#2 主变 110 kV 中性点未可靠接地，其所供的 110 kV 系统又发生了接地故障时，正常相的相电压升高，产生了零序电压，系统内主变 110 kV 侧中性点电压升高，部分站主变中性点相继击穿，造成上述保护动作现象。

（3）B 站#2 主变中性点有放电痕迹，AB 线 151 开关距离 I 段保护动作跳闸后重合成功，可初步判断故障点在 AB 线线路。当 B 站#2 主变中性点击穿后，110 kV 成为接地系统，B 站提供故障电流的回路，接地故障时有大的故障电流出现，使 B 站 AB 线 151 开关距离 I 段保护动作跳闸，而 151 开关投的是普通重合闸，当 A 站两台主变均跳开后，AB 线无电。151 开关重合后，即使线路故障仍存在，也无电流提供，重合闸动作将成功。

（4）D 站#1 主变已跳闸，而 110 kV 线路备自投未动作，不能对 D 站直接试送电，应派人至现场检查后，根据结果进行处理。

2. 对事故的初步处理

（1）通知 A 站值班员检查#1、#2 主变中性点接地情况，并启用保站用电预案；检查#1 主变、110 kV 母线、AC 线 182 开关是否具备送电条件；

（2）通知相关县调 B、C、D 站已失压，启用相关预案；注意监视 E 站#2 主变负荷，按《变压器运行规程》主变事故过负荷的规定（或现场运行规程的规定），控制#2 主变负荷；

（3）通知运行及检修人员检查 B、C、D、E 站的站内设备；

（4）通知线路运行维护人员对 110 kV 线路，优先安排 110 kVAB 线的事故后带电巡线；

（5）将 B 站 AB 线 151 开关转热备用，将 BF 线 152 开关由热备用转运行恢复 B 站供电；

（6）停用 B 站 10 kV Ⅰ、Ⅱ 母及 Ⅱ、Ⅲ 母间分段备自投，将 10 kV Ⅰ、Ⅱ 母分段 930 开关、Ⅱ、Ⅲ 母分段 940 开关由热备用转运行恢复 B 站全站供电，并通知相关县调；

（7）停用 D 站 110 kV 线路备自投，启用 AD 线 171 开关、DF 线 172 开关线路保护及重合闸；

（8）将 A 站 110 kV 各出线开关由运行转热备用为送电做好准备。

3. 现场检查后的进一步处理

（1）E 站#1 主变检查无异常后，将#1 主变由热备用转运行恢复#1 主变送电；

（2）B 站#1 主变检查无异常后，将#1 主变由热备用转运行恢复#1 主变送电；

（3）确认 D 站除 110 kV 线路备自投装置外站内其余设备无问题，具备带电条件后，将 AD 线 171 开关由运行转热备用，将 DF 线 172 开关由热备用转运行，D 站#1 主变检查无异常后，将#1 主变由热备用转运行恢复 D 站供电，并通知相关县调；

（4）A 站检查结果为#2 主变中性点接地不良，在确认 A 站#1 主变、110 kV 母线、110 kVAC 线 182 开关具备带电条件后，送出 A 站#1 主变、110 kV 母线、110 kVAC 线 182 开关，恢复 C 站供电，A 站#1 主变保持直接接地。根据现场要求，将 A 站#2 主变转冷备用进行处理。在巡线结果出来后，送出无异常线路，将需停电处理的线路转检修，调整电网运行方式，将不受检修影响的设备恢复正常运行方式。

8.3 案例分析三

8.3.1 电网及故障情况

电网及故障情况如图 8-5 所示。

（1）220 kVA 站为 220 kV 为双母线带旁路母线接线，110 kV 部分采用双母线带旁路母线接线，110 kV 旁路开关兼作母联开关；

（2）A 站 AB1，2 线 181、182 开关分别上一段母线运行，通过 110 kVAB1、2 线供 B 站负荷；

（3）A 站 AC 线 183 开关上 110 kV Ⅱ 母运行，通过 110 kVAC 线供 C 站负荷；

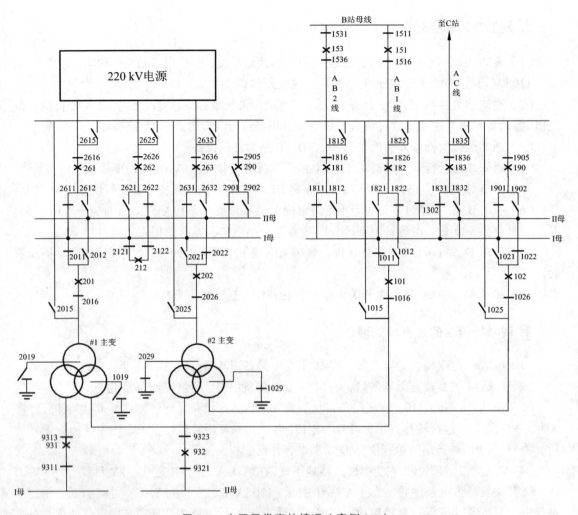

图 8-5　电网异常事故情况（案例 3-1）

（4）A 站#1、#2 主变并列运行，#2 主变中性点直接接地，#1 主变中性点间隙接地；

（5）A 站监控信号显示：AC 线 183 开关保护装置异常，#2 主变 110 kV 侧零序方向过流Ⅰ、Ⅱ段保护动作，#1 主变间隙过压保护动作，110 kV 旁路 190 开关跳闸，#2 主变 110 kV 侧 102 开关跳闸，#1 主变三侧开关均跳闸，A 站 AB2 线 182 开关线路保护距离Ⅲ段、零序Ⅲ段保护启动后复归，A 站其余保护未启动；B 站监控信号显示：B 站 AB1 线 181 开关线路保护距离Ⅲ段、零序Ⅲ段保护启动后复归，B 站全站失压，其余保护未启动；C 站全站失压，无保护动作。

8.3.2　调度处理要点

1. 对事故的保护动作情况进行正确的分析

（1）A 站#2 主变中压侧零序方向过流保护动作，说明系统中必然存在接地短路故障，而

#2 主变中压侧零序方向过流保护作为 A 站 110 kV 母线及 110 kV 出线的后备保护，A 站的站内仅有 AC 线 183 开关保护装置异常信号，其余 110 kV 线路保护、母差保护装置无异常信号也无启动信号，优先考虑为 AC 线故障，但 AC 线 183 开关线路保护异常不能跳闸，引起 A 站#2 主变中压侧零序方向过流保护动作。

（2）由于 A 站#2 主变直接接地，#1 主为间隙接地，若#2 主变中压侧零序方向过流保护动作跳开 110 kV 旁路 190 开关（作母联开关）、#2 主变 110 kV 侧 102 开关后，A 站#1 主变所供 110 kV 电网为不接地系统，只有此时系统中有单相接地故障存在，#1 主变的间隙过压保护才有可能动作跳闸。现在需要判断的是引起#1 主变跳闸的故障情况。A 站有并列运行的双回线分上 110 kV Ⅰ、Ⅱ母（AB1 线、AB2 线），通过图 8-6、图 8-7 进行分析。

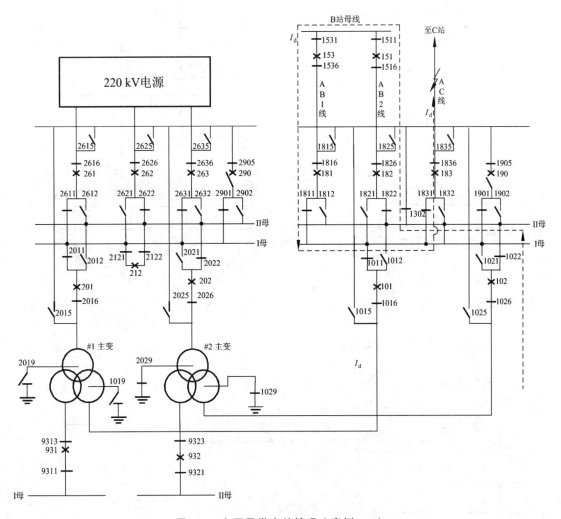

图 8-6　电网异常事故情况（案例 3-2）

（3）当 AC 线发生单相接地故障时，由于 AC 线保护装置异常无法跳开 A 站 AC 线 183 开关，A 站#2 主变中压侧零序方向过流保护将动作，第一时限跳开 110 kV 旁路兼母联 190 开关，然后#2 主变通过 110 kV Ⅱ母、110 kVAB2 线、B 站 110 kV 母线、110 kVAB1 线、A 站 110 kV Ⅰ母、110 kVAC 线仍向故障点提供电流（如图 8-6），此时 A 站 AB2 线 182 开关、B 站 AB1

线 181 开关线路保护距离Ⅲ段、零序Ⅲ段保护启动，因此 A 站#2 主变中压侧零序方向过流保护不会复归，在 A 站 190 开关跳闸 0.3 s 后，A 站#2 主变中压侧零序方向过流保护将继续跳开 A 站#2 主变 110 kV 侧 102 开关，但 A 站 AB2 线 182 开关、B 站 AB1 线 181 开关的距离Ⅲ段、零序Ⅲ段保护因动作时间在 1 s 以上而来不及跳闸。当#2 主变 102 开关跳闸后，A 站 110 kV Ⅱ母并未失电，由#1 主变带全部负荷（如图 8-7），成为一个不接地 110 kV 系统，虽然 AC 线接地故障仍存在，但故障电流大幅减小，A 站#1 主变中性点电压增大，造成 A 站#1 主变间隙过压保护动作，跳开主变三侧开关，最终切除故障。

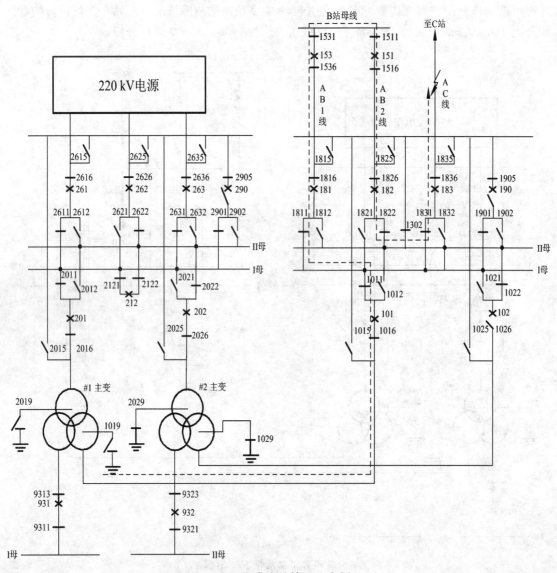

图 8-7　电网异常事故情况（案例 3-3）

2. 对事故的初步处理

（1）向 A 站值班人员确认 A 站的站用电源由 10 kV Ⅱ母上#2 站用变供电，站用电源未受影响。通知 A 站值班人员对#1 主变，110 kV 母线（含 110 kV 旁母），110 kV 线路一、二次设备进行检修，确认 A 站 AC 线 183 开关保护装置信号发出原因。

（2）通知运行及检修人员检查 B、C 站的站内设备。

（3）通知相关县调，B、C 站全站失压，立即启用相关预案。

（4）通知线路运行维护人员对 110 kVAC 线进行事故后带电巡线。

（5）将 A 站 110 kV 各出线开关由运行转热备用，为送电做好准备。

（6）将 B 站 110 kVAB1 线 153 开关、AB2 线 151 开关由运行转热备用，为送电做好准备。

3. 进行现场检查后的进一步处理

（1）在确认 A 站 110 kV Ⅰ、Ⅱ 母及 110 kV 旁母，#1 主变一、二次设备无异常后，将 A 站 #2 主变 110 kV 侧 102 开关由热备用转运行恢复 110 kV Ⅱ 母及 110 kV 旁母运行，将 110 kV 旁路兼母联 190 开关由热备用转运行恢复 110 kV Ⅰ 母运行，将 A 站#1 主变由热备用转运行。

（2）在确认 A 站 110 kVAB1 线、AB2 线一、二次设备异常，B 站站内一、二次设备无异常，具备带电条件后，将 A 站 110 kVAB1 线 181 开关、AB2 线 182 开关由热备用转运行，恢复 110 kVAB1 线、AB2 线的线路运行，在与相关县调联系将对 B 站送电后，送出 B 站 110 kVAB1 线 153 开关、AB2 线 151 开关，恢复 B 站运行。

（3）根据 110 kVAC 线巡线结果进行以下处理：若 AC 线需停电处缺，将 AC 线转检修；如 AC 线具备带电条件，而 A 站 AC 线 183 开关保护装置有问题，将 A 站 AC 线 183 开关转冷备用处缺，将 A 站 110 kV 母线调整为单母线运行方式，空出 190 开关，由 190 开关代 AC 线 183 开关恢复 AC 线运行，供 C 站负荷。

注：此事故造成了一个 220 kV 变电站 110 kV 全停，性质比较恶劣，为了避免类似原因再次引起同类事故，可采取以下措施：

（1）为了避免失去中性点造成主变间隙过压或间隙过流保护动作，在两台或多台主变并列运行的 220 kV 变电站，将分别上 110 kV 两段母线的一台主变中压侧中性点均直接接地运行。这种方式使得当任意一台主变故障跳闸后，能够保证了 110 kV 系统不会失去中性点。

（2）为了避免母联开关跳闸后，主变通过双回线继续向故障点提供故障电流，将双回线均运行于一段母线。

注：具体分析见附录一。

8.4 案例分析四

8.4.1 电网及故障情况

电网及故障情况如图 8-8、8-9 所示。

（1）220 kVA 站直供 110 kVL、M、J、K、G 站，A 站为双母线带旁母接线方式，#1 主变间隙接地，#2 主变直接接地；

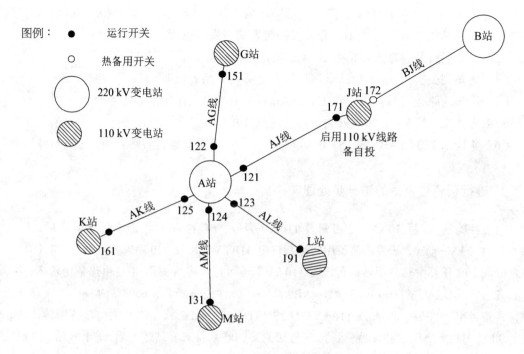

图 8-8 电网异常事故情况（案例 4-1）

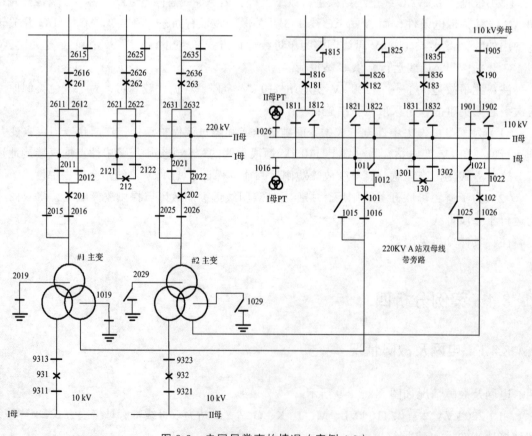

图 8-9 电网异常事故情况（案例 4-2）

（2）110 kVBJ 线通过 220 kVB 站对线路充电，J 站 BJ 线 172 开关热备用，J 站启用 110 kV 线路备自投。

（3）110 kVL、M、J、K、G 站均为单母线分段接线方式，站内均为两台并列运行的双圈变。

（4）110 kVK 站#1 主变间隙接地零序过压保护动作跳开主变各侧开关，网络内无其他设备跳闸。

8.4.2 调度处理要点

（1）对事故的保护动作情况进行正确的分析：

① 由于 110 kVK 站#1 主变为间隙接地零序过压保护动作，如果 A 站所供 110 kV 网络内中性点接地良好，为直接接地网络，那么当网内有接地故障时，就不会产生足以使间隙过压保护动作的过电压。因此，无论故障点在何处，A 站所供 110 kV 网络在故障发生时应为不接地网络，即 A 站#2 主变 110 kV 侧中性点没有直接接地。

② 若故障点不在 K 站#1 主变两侧开关的范围内，那么当 K 站#1 主变跳闸后，A 站所供 110 kV 网络仍有故障存在，此时 A 站所供 110 kV 网络为不接地系统，会有更多的主变通过中性点间隙保护动作跳闸，直至故障被切除。因此，可初步判断故障点在 K 站#1 主变两侧开关的范围内。

（2）调度应安排人员检查 220 kVA 站#2 主变 110 kV 主变中性点是否按保护运行要求合上、是否有接地不良情况。若现场情况为中性点没合上（或者未合好）导致中性点接地不良，调度核实 220 kVA 站 110 kV 系统 ABC 三相电压正常后，立即下令合上（合好）#2 主变 110 kV 侧中性点。若#2 主变侧 110 kV 中性点无法保证可靠接地，调度核实 220 kVA 站 110 kV 系统 ABC 三相电压正常后，立即下令合上#1 主变 110 kV 侧中性点，拉开#2 主变 110 kV 侧中性点接地刀闸。

（3）K 站#1 主变跳闸，#2 主变带全站负荷，注意监视#2 主变负荷，按《变压器运行规程》主变事故过负荷的规定（或现场运行规程的规定），控制#2 主变负荷。

（4）通知检修人员对 K 站#1 主变进行检查，以确定是否试送 K 站#1 主变。

8.5 案例分析五

8.5.1 电网及故障情况

电网及故障情况如图 8-10、8-11 所示。

（1）220 kVA 站直供 110 kVL、M、J、K、G 站，A 站为双母线带旁母接线方式，#1 主变间隙接地，#2 主变直接接地。

（2）110 kVBJ 线由 220 kVB 站对线路充电，J 站 BJ 线 172 开关热备用，J 站启用 110 kV 线路备自投。

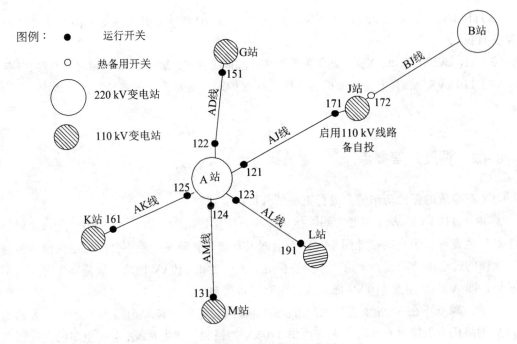

图 8-10　电网异常事故情况（案例 5-1）

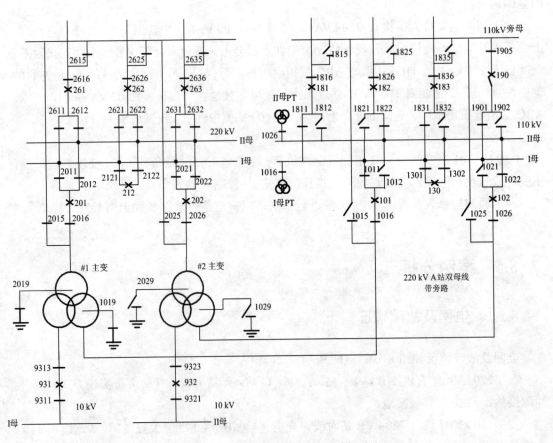

图 8-11　电网异常事故情况（案例 5-2）

（3）110 kVL、M、J、K、G 站均为单母线分段接线方式，站内均为两台并列运行的双圈变。

（4）110 kVK 站#2 主变间隙接地零序过流保护启动，#1 主变间隙接地零序过压保护启动后复归，#1 主变差动保护动作跳开主变各侧开关，网络内无其他设备跳闸。

8.5.2　调度处理要点

（1）对事故的保护动作情况进行正确的分析：

① 由于 110 kVK 站#1、#2 主变间隙保护均启动，如果 A 站所供 110 kV 网络内中性点接地良好，为直接接地网络，当网内有接地故障时，不会产生足以使间隙过压保护动作的过电压。因此，无论故障点在何处，A 站所供 110 kV 网络在故障发生时应为不接地网络，即 A 站#2 主变 110 kV 侧中性点没有直接接地。

② 若故障点在 K 站#1 主变差动保护范围内，而 A 站所供 110 kV 系统为不接地系统，K 站#1 主变间隙零序过压保护将会启动，当 K 站#2 主变间隙击穿后，#2 主变间隙过流保护将会启动，此时 A 站所供 110 kV 系统变为直接接地系统，大的故障电流将使 K 站#1 主变差动将动作瞬时跳闸切除故障，K 站#1、#2 的间隙保护将复归。

③ 若故障点不在 K 站#1 主变差动保护范围内，当 K 站#1 主变跳闸后，A 站所供 110 kV 网络仍有故障存在，此时 A 站所供 110 kV 网络为不接地系统，会有更多的主变通过中性点间隙保护动作跳闸，直至故障被切除。因此，可初步判断故障点在 K 站#1 主变差动保护范围内。

（2）调度应安排人员检查 220 kVA 站#2 主变 110 kV 主变中性点是否按保护运行要求合上、是否有接地不良情况。若现场情况为中性点没合上（或者未合好）导致中性点接地不良，调度核实 220 kVA 站 110 kV 系统 ABC 三相电压正常后，立即下令合上（合好）#2 主变 110 kV 侧中性点。若#2 主变侧 110 kV 中性点无法保证可靠接地，调度核实 220 kVA 站 110 kV 系统 ABC 三相电压正常后，立即下令合上#1 主变 110 kV 侧中性点，拉开#2 主变 110 kV 侧中性点接地刀闸。

（3）K 站#1 主变跳闸，#2 主变带全站负荷，注意监视#2 主变负荷，按《变压器运行规程》主变事故过负荷的规定（或现场运行规程的规定），控制#2 主变负荷。

（4）由于 K 站#1 主变为差动保护动作跳闸，应将其转冷备用，通知检修人员对 K 站#1 主变进行检查。

8.6　案例分析六

8.6.1　电网及事故情况

电网及事故情况如图 8-12 所示。

（1）110 kVA 站由 110 kVAD 线供电，站内#1、#2 主变运行，10 kV 分段 930 开关热备用，10 kV 分段备自投启用，站用变运行于 10 kVⅡ母；A 站 10 kVⅡ母有 5 MW 负荷。

（2）因工作需要，A 站与 B 站 10 kV 正在进行合环，在合环后尚未解环时，A 站#2 主变差动保护动作，#2 主变跳闸；B 站 10 kVAB 线 966 开关无保护动作。

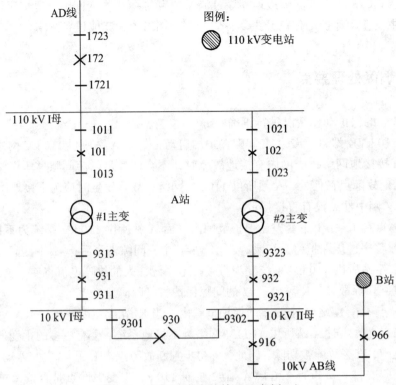

图 8-12　电网异常事故情况（案例 6）

8.6.2　调度处理要点

（1）因为 A 站与 B 站 10 kV 合环，当 A 站#2 主变故障跳闸后，A 站 10 kVⅡ母负荷转由 B 站供电，10 kVⅡ母仍有电压，不满足分段备自投动作逻辑，故 A 站 10 kV 分段备自投不会动作。

（2）因为 A 站 10 kVⅡ母所有负荷全部转移至 B 站供电，所以应注意 B 站过负荷情况。按《变压器运行规程》主变事故过负荷的规定（或现场运行规程的规定），控制#2 主变负荷。在确保进行合环后 A 站#1 主变及 B 站主变不会过载的前提下，合上 10 kV 分段 930 开关合环后选择合适的解环点进行解环。

（3）停用 A 站 10 kV 分段备自投，保证一、二次运行方式对应。

（4）在处理时，应及时通知检修人员及汇报相关领导及人员。

8.7　案例分析七

8.7.1　电网及事故情况

电网及事故情况如图 8-13 所示。

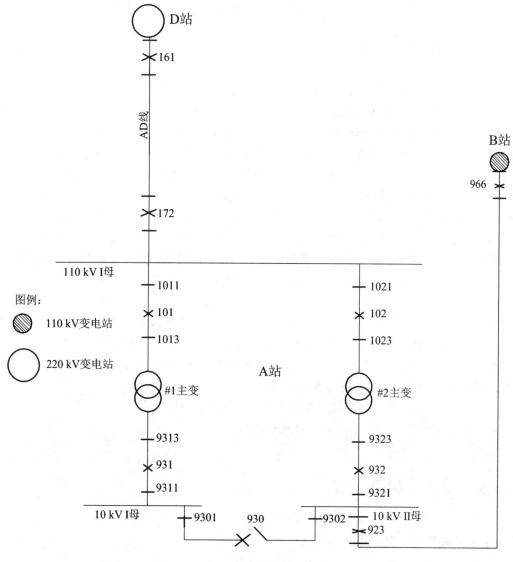

图 8-13　电网异常事故情况（案例 7）

（1）220 kVD 站 110 kVAD 线 161 开关运行供 A 站负荷，A 站#1、#2 主变运行，10 kV 分段 930 开关热备用。

（2）A 站 110 kVAD 线 172 开关配置 3 段式距离及 4 段式零序保护，其中距离Ⅱ段时限为 0.3 s，重合闸为检线无压母有压方式；B 站 10 kVAB 线 966 开关配置速断及过流保护，过流保护时限均为 1.0 s。

（3）110 kVA 站与 B 站正进行 10 kV 合环操作，在合环后尚未解环时，D 站侧 AD 线 161 开关接地距离Ⅰ段保护跳闸，重合不成功，选相 A；A 站侧 AD 线 172 开关无保护动作，A 站 #1 主变间隙过压保护动作跳闸，B 站 10 kVAB 线 966 开关过流保护动作跳闸，重合闸动作，重合不成功；A 站全站失压。

8.7.2　调度处理要点

（1）D 站 AD 线 161 开关线路 TV 装设于 C 相，当 AD 线 A 相发生相间故障时，虽然 AD 线 161 开关跳闸，但由于 A、B 站 10 kV 合环，A 站 AD 线 172 开关仍对线路供电，此时 D 站 AD 线 161 开关检无压重合闸不会动作，其相间距离Ⅰ段保护动作跳闸后，不会重合；D 站 AD 线 161 开关跳闸后，故障并没有隔离，此时 B 站通过 10 kV 线路供电至 A 站 10 kVⅡ母，再经#2 主变—110 kVⅠ母—AD 线 172 开关继续对故障点提供故障电流，此时 A 站 110 kV 为不接地系统，故障电流很小，A 站 AD 线 172 开关距离保护不会启动。但由于 B 站 10 kVAB 线带 A 站全部负荷(因 10 kV 分段 930 开关断开，10 kVⅠ母负荷由 10 kVⅡ母—#2 主变—110 kVⅠ母—#1 主变—10 kVⅠ母方式转供)，B 站 10 kVAB 线 966 开关过流保护将动作跳闸，其重合将不成功。B 站 10 kVAB 线 966 开关跳闸后，D 站 AD 线 161 开关重合闸已满足检无压条件，经延时后对线路进行重合，重合于永久性故障后跳开；最终 A 站将失压。

（2）由于 A 站仅有 1 条 110 kV 线路供电，为了迅速恢复对已停电的地区及用户送电，应先将 A 站#1、#2 主变转热备用，然后通知县调通过 10 kV 转供 A 站负荷。若只有 B 站可以转供，应合上 A 站 10 kV 分段 930 开关，将 10 kV 除 923 开关外所有出线转热备用，由 B 站 966 开关对 A 站 10 kV 母线充电后，按负荷重要程度及 AB 线可带负荷量送出部分重要负荷级恢复 A 站用站电，此时应注意 B 站主变负荷情况。

（3）在处理时，及时通知巡线、检修人员及汇报相关领导及人员。

（4）根据巡线情况，将 110 kVAD 线线路转检修。

8.8　案例分析八

8.8.1　电网及事故情况

电网及事故情况如图 8-14 所示。

（1）220 kVD 站 110 kVAD 线 161 开关运行供 A 站负荷，220 kVC 站 AC 线 122 开关运行对线路充电；

（2）A 站 AD 线 172 开关运行，AC 线 171 开关热备用，#1、#2 主变运行，10 kV 分段 930 开关热备用，站用变运行于 10 kVⅡ母；A 站启用了 10 kV 分段备自投；A 站 10 kV 集中在 10 kVⅠ母，10 kVⅡ母仅 3 MW 负荷。

（3）B 站 10 kVAB 线 966 开关配置速断及过流保护，过流保护时限均为 1.0 s；

（4）110 kVA 站与 B 站正进行 10 kV 合环操作，在合环后尚未解环时，D 站 AD 线 161 开关接地距离Ⅰ段保护动作跳闸，重合闸动作不成功，选相 C，A 站#1 主变间隙过压保护动作(动作时间 0.5 s)，主变两侧开关跳闸；A 站 10 kV 分段备自投运行，跳开#1 主变 931 开关，合上 10 kV 分段 930 开关。B 站 10 kVAB 线 966 开关过流保护动作跳闸，重合闸动作，重合不成功；A 站全站失压。

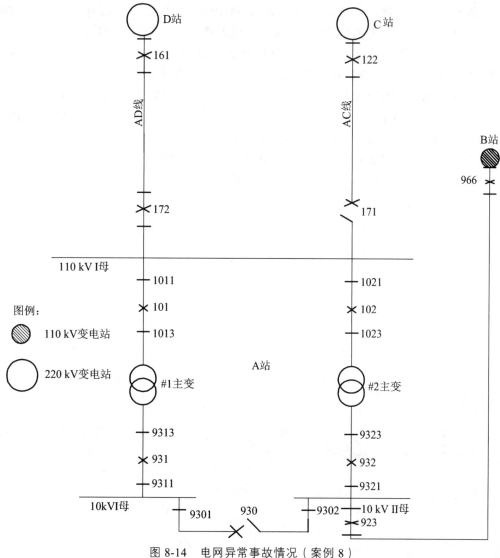

图 8-14 电网异常事故情况（案例 8）

8.8.2 调度处理要点

（1）初步判断为 AD 线单相接地，D 站 AD 线 161 开关接地距离 I 段保护动作跳闸，由于是 C 相故障，虽然 A B 站 10 kV 合环，A 站 AD 线 171 开关仍然对线路供电，但 D 站 AD 线 161 开关线路 TV 不能感受到电压，因此 161 开关检无压重合闸动作，重合于永久性故障后跳开。

（2）D 站 AD 线 161 开关跳闸后，故障并没有隔离，B 站通过 10 kV 线路供电至 A 站 10 kV II 母，再经#2 主变—110 kV I 母—AD 线 172 开关继续对故障点提供故障电流，此时 A 站 110 kV 为不接地系统，故障点电流不大，A 站 AD 线 172 开关距离保护将不会启动，B 站 10 kVAB 线带 A 站全部负荷，966 开关过流保护动将启动。因 A 站#2 主变中性点对地电压将升高，可造成#2 主变间隙过压保护动作跳开#2 主变各侧开关。

（3）A 站#2 主变跳闸后，10 kV Ⅰ 母失电，B 站 10 kVAB 线仅带 A 站 10 kV Ⅱ 段 3 MW 负荷，B 站 10 kVAB 线 966 开关过流保护将复归；此时满足 A 站 10 kV 分段备自投动作条件，10 kV 分段备自投跳开#1 主变 931 开关，合上 10 kV 分段 930 开关后，B 站 10 kVAB 线带 A 站全部负荷，966 开关过流保护动将再次启动，经 1.0 s 后跳闸。

（4）在断开 A 站 110 kVAD 线 171 开关后，经检查 A 站 110 kV 母线、#1、#2 主变具备带电条件后，逐级将 A 站 110 kV 母线、#1、#2 主变及 10 kV 母线转运行，送 10 kV 出线时，应送成计划合环倒负荷后的方式，避免再次合环操作。

（5）在处理时，及时通知巡线、检修人员及汇报相关领导及人员。

（6）根据巡线情况，将 110 kVAD 线线路转检修。

第 9 章

监控信息异常事故处理

9.1　设备监控概述

随着变电站自动化水平的提高及通信技术的发展，变电站监控技术有了长足进步，这让远程监控成为可能，变电站管理模式也从传统由人值班方式向无人值班方式转变。为适应电网发展实际需要，在确保电网安全稳定运行的前提下，提高变电站运行集约化水平，降低电网运行维护成本，推进调度运行与变电设备集中监控业务的融合，并根据国家电网公司"大运行"体系实施方案的要求，各级调度机构负责相应电压等级的变电站设备集中监控任务。

设备监控专业统筹把控公司监控信息管理，主要包含：

（1）负责公司监控信息表规范管理，组织相关专业会审监控信息表；

（2）负责监控信息表的接入、变更和验收组织管理；

（3）跟踪分析监控信息处置过程，集中监控缺陷闭环管理，参与系统故障分析、事故调查；

（4）设备监控越限告警定值管理。

设备监控工作内容主要包括监控范围内受控站设备监视、无功电压调整、规定范围内的倒闸操作、事故异常处理、设备验收及启动等。

9.2　设备监控对象

变电站一次设备主要包含线路、母线、变压器、断路器、隔离开关、互感器、GIS\HGIS、无功补偿装置等。

变电站二次设备主要包含保护装置、安全自动装置等。

变电站其他辅助设备主要包含直流系统、站用电系统、变电站安保系统、远程图像监控系统等。

电网运行监视主要包含电网电压、负荷潮流、电网频率、功率及稳定限额。

其他应用系统主要包含在线监测系统、保护信息管理系统、故障录波、变电站远程浏览、雷电定位系统、输电地理信息系统等。

9.3　设备遥控操作

将电气设备由一种状态转变为另一种状态所进行的一系列操作称为电气设备倒闸操作。遥控操作控制的对象有断路器、隔离开关、软压板及有载调压主变分接开关。

遥控操作的一般原则：

（1）未经调控机构值班调度员指令，任何人不得操作该机构调度管辖范围内的设备。在遥控操作调度许可设备前，应经上级调控机构值班调度员许可，操作完毕后及时汇报。

（2）认为接受的调度指令不正确或执行该指令将危及人身、设备及系统安全的，应立即向发令人提出意见，由其他决定该指令的执行或撤销。

（3）接受遥控指令时，应互报单位、姓名，严格遵守复诵、录音、监护、记录等制度，并使用统一规范的调度术语和操作术语。遥控操作命令应使用包括变电站名称、设备名称、设备编号的三重命名。

（4）遥控操作前应考虑继电保护及自动装置是否需要调整，防止因继电保护及自动装置误动或拒动而造成事故。

（5）执行遥控操作应由两人进行，一人操作、一人监护。

（6）备自投或重合闸需要进行遥控投停操作时，应遵循所属主设备停运前退出运行、在所属主设备送电后投入运行的操作顺序。

9.4　监控信息分析

1. 信息分类

（1）变电站信息按照是否上传分为就地专用信息和上传信息两大类。就地专用信息为不上传远方调度或监控中心，仅供现场调试、检修、故障分析、巡视等工作使用。

（2）变电站信息按照采集方式分为遥测信息和遥信信息两大类。遥测信息为模拟量，反映监视对象的连续变化信息；遥测信息为状态量信息，反映监视对象的运行状态。

（3）变电站信息按对电网直接影响的轻重缓急程度分为事故信息、异常信息、越限信息、变位信息、告知信息五类。变电站当地以及各级主站系统按五类信息进行分类告警记录。

2. 信息定义

（1）事故信息：是由于电网故障、设备故障等引起断路器跳闸（包括非人工操作的跳闸），保护装置动作出口跳合闸的信号以及影响全站安全运行的其他信号。

（2）异常信息：是反映设备运行异常情况的告警信息，影响设备监控操作的信号，直接威胁电网安全与设备运行。

（3）越限信息：是反映重要遥测量越限告警上、下限区间的信息。重要遥测量信息主要有设备有功、无功、电流、电压、主变压器油温、断面潮流等。

（4）变位信息：指开关设备状态（分、合闸）改变的信息。该类信息直接反映电网运行方式的改变。

（5）告知信息：反映电网设备运行情况，状态监测的一般信息，主要包括隔离开关、接地开关位置信号、主变运行档位和设备正常操作时的伴生信号，以及保护压板投退、保护装置、故障录波器，收发信机的启动、异常消失信号、测控装置就地/远方等信息。该类信息需要定期查询。

3. 信息分析

随着电网的发展，电网信息量不断增加，对电网信息的分析就显得尤为重要。信息分析可以在庞大的信息库中过滤出监控工作需要关注的信息，对重点信息进行深入的分析，有利于查找隐患点。定期分析有利于看清电网运行的趋势，对信号的总结分析加速了电网缺陷的处理速度。多重化的分析管理制度保证了信号分析的有效性。

9.5 设备监控信息流架构

1. 厂站自动化设备

变电站监控系统是一个以计算机技术为基础，采用微处理器及嵌入式 CPU 和大规模集成电路构建节点设备，利用现场总线、快速以太网、光纤网络等通信技术组网构成的分层分布式的自动化系统。它经过功能组合和优化设计，辅以信号处理、图形显示和告警等技术，可实现站内和远方调度对变电站内所有设备的实时监控和控制。

自动化信息主要可分为遥测、遥信、遥控。遥测数据包括变电站内各个间隔的有功、无功、电压、电流、频率、温度等；遥信信息包括全站事故总信号、间隔事故总信号、继电保护动作信号、重合闸信号、断路器/隔离开关位置信号、断路器机构告警信号、二次装置告警和故障信号、交直流电源告警等；遥控对象包含拉合开关的单一操作、主变压器档位升降、电容器和电抗器投切等。

变电站内电流互感器的二次电流、电压互感器的二次电压送入测控装置（智能变电站中由合并单元通过光纤上送遥测数据），继电保护动作信号、重合闸信号、断路器/隔离开关位置信号等也送入测控装置（智能变电站中由智能终端、保护装置等通过光纤向测控装置传输遥信信号），测控装置负责将采集到的遥测、遥信数据发送给监控服务器和远动装置。

除了测控装置直接上送的信息，监控服务器和远动装置还接收保护装置和电源系统发出的软报文信号等。监控服务器将接收到的信息通过人机界面进行展示或告警，远动装置则选择部分重要信号通过远动通道上传主站。

在调度自动化主站侧，前置服务器接收远动数据预处理后发送给 SCADA 服务器，SCADA 服务器对上述数据进行计算处理，最后在调度技术支持系统工作站上实时刷新数据画面并告警。调度技术支持系统的 AVC 服务器、报表服务器、PAS 服务器均从 SCADA 服务器获得数据进行计算、完成特定功能后发送到工作站，历史数据服务器则按一定时间间隔保存实时远动数据。

三遥信息中的遥控指令始于调度自动化主站侧的工作站，SCADA 服务器接收到遥控操作命令后发送给前置服务器，由前置服务器形成遥控报文下发。遥控报文经过远动通道发送到变电站侧远动装置，由远动装置判别后发送给可执行该遥控指令的测控装置，经过预置、返校交互流程后，通过测控装置接通控制回路，最后由操动机构控制开关刀闸分合。遥控指令也可能通过站内监控服务器发送给测控装置，同样经过预置、返校交互流程后，由测控装置接通控制回路，最后由操动机构控制开关刀闸分合。

2. 传输通道

一般而言，传输通道即变电站与调度控制中心进行远动数据传输的通道，因此传输通道又称远动通道。SDH 传输网是由不同类型的网元设备通过光缆路线组成，这些网元设备可以通过 SDH 体系的同步复用、交叉连接、网络故障自愈等功能。传输网一般又称为 SDH 传输网，其核心是 SDH 技术。基本网元有终端复用器（TM）、分插复用器（ADM）、再生中继器（REG）和数字交叉连接设备（DXC）。

9.6　设备监控信息运维

1. 信息优化

"大运行"体系下的调控合一模式是为了提高工作效率，而每天大量的无效告警信息严重阻碍了工作效率的提高。信息分类、告警优化工作不是单纯的减少告警信息量，而是力求每条上窗告警信息都能真实反映现场设备状态。同时，为提高调控人员对重要信息的敏感度，提升调度、监控工作的效率有必要突出重点设备、重要信号的监控。

2. 系统维护

调控中心监控专业与自动化运维专业应在监控信息验收、监控运行统计分析、监控信息缺陷分析处理和监控功能完善等方面加强工作协同。调控专业负责提出监控运行统计分析和监控功能应用完善的需求，负责监控信息缺陷的处置和消缺确认。

3. 系统消缺

应按照《设备监控信息缺陷消缺处理管理规定》等相关规定，建立监控信息缺陷的管理流程。调控专业负责缺陷的填报和验收工作，并定期统计缺陷处理的情况及结果，对缺陷处理的质量进行评价，并将结果反馈给相关专业部门，从而有助于从宏观层面改进消缺方法。

9.7　案例分析一

监控系统发生"XX 站 2213 断路器气压低合闸闭锁告警"信息，动作不复归。

此监控信息可能发生的原因有：

（1）断路器有泄漏点，压力降低到闭锁值；

（2）压力继电器损坏；

（3）回路故障；

（4）根据温度变化时，气动机构压力值变化。

该信号可能引起的后果有：造成断路器合闸闭锁，如果当时与本断路器有关设备故障，断路器只能分开，不能合闸。

调控中心监控人员的一般处置原则为：

（1）上报调度，通知运维单位，加强运行监控，做好相关操作准备；

（2）了解气动机构压力值、现场处置的基本情况和处置原则；

（3）根据处置方式制定相应的监控措施，及时掌握电网设备 N-1 故障后设备运行情况。

9.8 案例分析二

监控室后台监控机上警铃响，某站监控机 263 开关显示为分位，电流、负荷显示为零；某站后台报："263 开关保护启动""263 开关 A 相纵联差动出口""263 开关接地距离动作"263 开关 A 相由合到分""263 开关重合闸出口""263 开关 A 相由分到合""263 开关重合不成功""263 开关三相跳闸"。

造成该现象的原因可能是：263 线路发生 A 相永久性接地故障或 A 相绝缘击穿。

发生上述情况时，监控值班员的处理方式为：

（1）通知运维人员内容：互报单位、姓名。某时某分，后台监控机报某线 A 相跳闸，重合闸动作，重合不成功，要求现场检查。

（2）向调度汇报主要内容：互报单位、姓名。某时某分，后台监控机报某线 A 相跳闸，重合闸动作，重合不成功，已联系运维人员赶赴现场检查。

（3）将上述情况汇报相关领导。

（4）密切关注该站其他主供线路，有越限、异常信息及时汇报调度。

9.9 案例分析三

电网及异常情况如图 9-1 所示，110 kV 终端站 A 失压，监控机出现的现象有：

（1）110 kV、10 kV 母线越下限报警，电压为零。

（2）主供线路开关事故分闸信号。

（3）主变两侧开关潮流为零，110 kV、10 kV 母线上所有出线潮流为零。

（4）10 kV 电容器组开关全部跳闸。

（5）主变调压电源消失、主变风冷电源消失、直流屏交流电源故障等信号。

监控人员处理流程为：

（1）首先将上述情况汇报相关调度。通知运维人员到站检查。

（2）在值班记录上做好记录，汇报领导，同时加强对相关站点的设备监控（如相邻站点的负荷监视），一旦有任何异常立即汇报相关调度和班组。

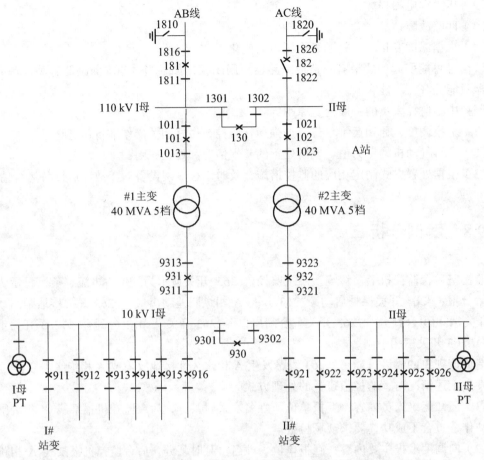

图 9-1　设备监控异常事故情况（案例 3）

9.10　案例分析四

AVC 系统存在的故障及异常有：

（1）AVC 所控的变电站母线电压越限，电容不进行投切和主变档位不调整。

（2）主变档位调节过程中，并列运行的主变档位未同步调节，造成主变档位不一致运行。

（3）电容投切和主变档位调节过于频繁，达到上限值后闭锁。

（4）相关信号（主变轻瓦斯动作）对 AVC 系统某设备（主变有载调压）进行闭锁，出现设备拒动信号。

监控人员处理原则为：

（1）检查母线电压越限的变电站，电容一次设备是否正常，主变调压是否正常。如果一次设备有故障，采取系统调节电压的方法，保证本站的电压合格。

（2）检查 AVC 系统是否正常投入运行，检查电容和主变有无闭锁。

（3）一次设备正常时，应人工手动地对该站的电压进行调节。

（4）通知自动化维护中心，检查 AVC 系统是否发出电压调节指令是否正常，并做好记录。

（5）在 AVC 系统对已闭锁设备进行闭锁信号解除，对存在设备拒动信号设备解除，无法解除的信号通知运维人员现场复归。

9.11　案例分析五

巡视时发现某 XX 站通信中断，部分或全部遥信、遥测、遥控功能失效，监控员的处理原则为：

（1）通知运维人员并将监控职责临时移交运维单位；

（2）向相关调度进行汇报；

（3）填写相关缺陷记录，向信通公司、自动化运维、检修及相关领导报告该情况；

（4）收到缺陷处理完毕通知后，与现场核对遥测数据、运行方式是否一致，验收缺陷；

（5）将监控职责收回并向相关调度进行汇报。

9.12　案例分析六

某 220 kV 变电站，某一天正常运行中，该站 220 kV Ⅰ、Ⅱ 母、2 号主变 220 kV 测控等装置频繁上传该装置内所含全部遥测（包括备用）复归信号，每台装置 50～65 个信号，据不完全统计，当日测控装置通信频繁中断复归达 34 次，约 1 900 多个信号上传，造成监控系统频繁刷屏现象；监控系统报部分测控装置通讯异常，造成监控系统中上述间隔设备不定态。由于该通信异常情况为瞬时频繁发生，极大地干扰运行人员监控。监控员的处置原则为：

（1）第一时间将该站全站抑制，控制其信号上窗量，避免影响正常监控，并将该站监控职责临时移交运维单位；

（2）监控职责临时移交时，监控员应以录音电话方式与运维单位明确移交范围、时间、移交前运行方式等内容，并做好相关记录并填写设备缺陷记录；

（3）监控职责移交完成后，监控员应将移交情况向相关调度进行汇报；

（4）监控职责移交后，通知相关领导及单位，尽快解决处理。

附 录

具有双回线路出线的 220 kV 变电站 110 kV 单回线路 开关拒动或保护拒动的故障 分析和保护处置方案

当 110 kV 电网是以一个 220 kV 变电站为电源中心，呈辐射状向各负荷变电站供电的网络时，如 220 kV 变电站的 220 kV、110 kV 母线为双母线接线方式，采用单号编号开关上 I 段母线，双号编号开关上 II 段母线运行的标准运行方式。对 220 kV 变电站 110 kV 系统有双回线路出线的接线，如单回线路发生短路故障，故障线路保护或线路开关拒动，会发生 220 kV 变电站 110 kV 两段母线失压的电网大面积停电事故。以单相接地故障为例分析，具体分析如下：

1 电网接线、系统参数、保护配置和保护定值情况

1.1 电网接线

电网接线如图 1 所示。

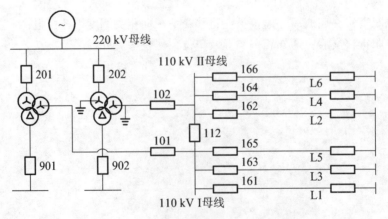

图 1　有双回线路出线的电网接线图

1.2 系统参数

系统参数如图 2 所示。

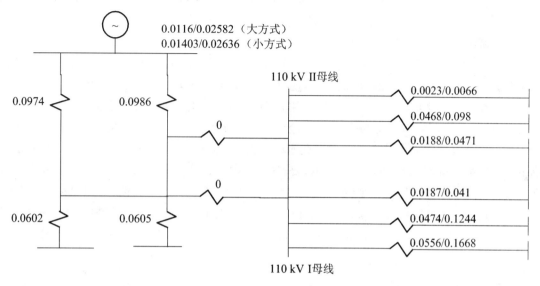

图 2 系统参数阻抗图

1.3 系统保护配置和保护定值

1.3.1 220 kV 主变后备保护和 110 kV 线路保护配置情况

220 kV 主变后备保护配置：主变三侧配置双套复压闭锁方向过流保护、主变 220 kV 和 110 kV 侧配置双套零序电流保护、主变 220 kV 和 110 kV 侧配置双套主变中性点间隙零序过流、零序过压保护。

110 kV 线路保护配置：三段式相间距离保护、三段式接地距离保护、四段式零序电流保护。

1.3.2 220 kV 主变后备保护和 110 kV 线路保护时限设置情况

220 kV 主变后备保护时限：220 kV 主变 110 kV 侧复压闭锁方向过流时限 4.0 s（跳 11#2 开关），4.5 s（跳主变 110 kV 开关），5.0 s（跳主变三侧开关）；220 kV 主变 110 kV 侧零序过流时限 2.5 s（跳 11#2 开关），3.0 s（跳主变 110 kV 开关），3.5 s（跳主变三侧开关）；220 kV 主变 110 kV 侧主变中性点间隙零序过流、零序过压保护 0.5 s（跳主变三侧开关）。

220 kV 主变后备保护方向规定：110 kV 侧复压闭锁方向过流和零序过流Ⅰ、Ⅱ段方向，由主变指向 110 kV 母线，Ⅲ段不带方向。

110 kV 线路保护时限：相间、接地距离保护第Ⅰ段 0 s，零序电流Ⅰ段停用；相间、接地距离、零序保护第Ⅱ段 1.0 s；相间、接地距离第Ⅲ段 3.0 s，零序保护第Ⅲ段 2.0 s；零序保护第Ⅳ段 3.2 s。

10 kV 线路保护方向规定：由 110 kV 母线指向线路，零序Ⅳ段不带方向。

2 220 kV 变电站有双回线路接线的单回线路的故障分析

图 1 所示电网 L1 线路发生 A 相单相接地故障。

线路 L1 发生 A 相接地故障，系统短路电流如图 3 所示；Ⅱ#主变高压侧和中压侧均流过零序电流，Ⅱ#主变高压侧和中压侧零序过流启动，如果线路 161 开关或 161 开关线路保护拒动，在故障发生后 2.5 s，由Ⅱ#主变中压侧零序过流Ⅰ段动作，跳 110 kV 母联 112 开关。在 110 kV 母联 112 开关跳开后，故障零序电流分布如图 4 所示，在故障发生后 3.0 s，由Ⅱ#主变中压侧零序过流Ⅱ段动作跳 102 开关，此时故障仍未被切除，在 220 kV 站的 110 kV 系统形成了一个局部不接地系统，如图 5 所示，在这个系统中，接地相电压为零，非接地相电压升高 $\sqrt{3}$ 倍，在过电压作用下，系统中所接的主变中性点可能会分别被击穿，直到 220 kV 站Ⅰ#主变中压侧中性点被击穿，由Ⅰ#主变中压侧中性点间隙零序过流或直接由间隙零序过压保护动作，跳开Ⅰ#主变三侧开关，故障被切除，此时 220 kV 站 110 kV 系统失压，仅保留Ⅱ#空主变。

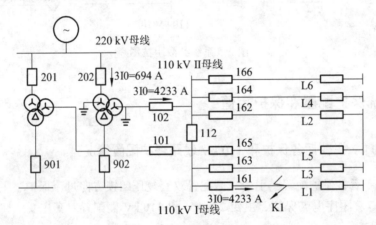

图 3 短路电流示意图

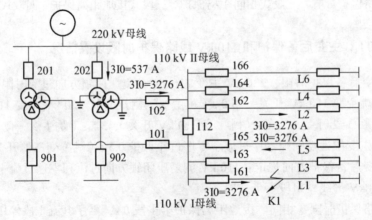

图 4 112#开关跳闸后，短路电流示意图

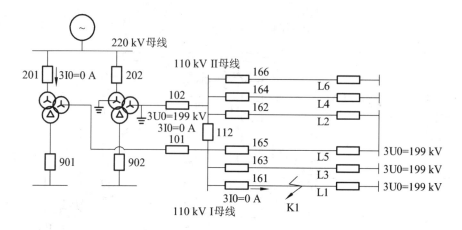

图 5 112#、102#开关跳闸后的短路电流、电压示意图

从以上分析结果看出，对于 220 kV 变电站 110 kV 出线有双回线路的系统，双回线路采用并列运行方式且分别运行在两段母线上，如单回线路发生故障，同时故障线路开关或线路保护拒动，都将发生 220 kV 变电站 110 kV 母线全停的电网大面积停电事故。

3 110 kV 系统增加接地点后的短路电流计算

A 站#1 主变 1019 接地，#2 主变 2029 接地、1029 接地，电网接线如图 6 所示。

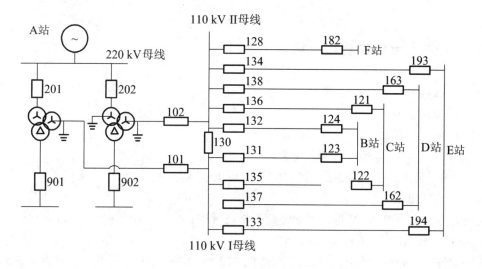

图 6 电网接线示意图

（1）两台主变并列运行，在 AF 线线路 90%处发生 A 相接地短路，短路电流如下：① AF 线：$3I_0 = 4221$ A；② #1 主变：201 开关，$3I_0 = 0$ A、101 开关，$3I_0 = 1487$ A；③ #2 主变：202 开关，$3I_0 = 491$ A、102 开关，$3I_0 = 2734$ A。

（2）110 kV 母联 130 开关跳开后，短路电流如图 7 所示。

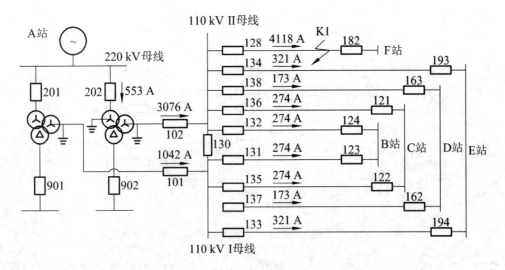

图 7　短路电流

4　110 kV 系统增加接地点后的保护调整方案

为防止有双回线路出线的 220 kV 变电站 110 kV 系统发生线路短路故障、故障线路保护或线路开关拒动时，发生 220 kV 变电站 110 kV 两段母线失压的电网大面积停电事故。制订以下调整保护方案：

4.1　零序电流保护整定方案

（1）220 kV 主变 110 kV 侧零序保护整定原则。

① 零序保护 I 段：

电流元件：a. 保 110 kV 母线接地短路有 1.5 灵敏度；

b. 与 110 kV 出线零序电流 II 段配合。

时间元件：时间整定为 1.8 s（跳 110 kV 母联开关）。

② 零序保护 II 段：

电流元件：a. 保 110 kV 母线接地短路有 2 灵敏度；

b. 与 110 kV 出线零序电流 III 段配合。

时间元件：第一时限整定为 3.2 s（跳主变 110 kV 本侧开关）；第二时限整定为 3.5 s（跳主变三侧开关）。

（2）双回线路负荷侧开关零序保护整定原则。

① 零序保护 II 段：

电流元件：a. 按躲正常负荷电流下的不平衡电流整定；

b. 保本线路末端短路有 2 灵敏度（可考虑相继动作）；

c. 保 110 kV 单回线路末端短路有 1.3 灵敏度；

d. 与 220 kV 站 110 kV 单回线路零序电流Ⅲ段配合。

时间元件：时间整定为 0.5 s。

（3）零序电流保护配合如图 8 所示。

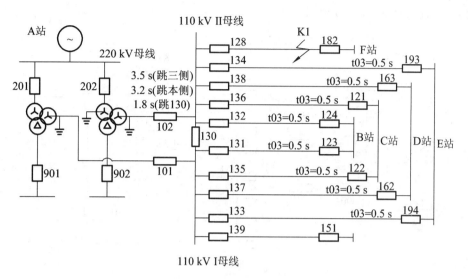

图 8　零序电流保护配合

（4）零序电流保护动作逻辑。

当 110 kVAF 线线路发生接地故障，AF 线 128 开关拒动，A 站#1、#2 主变零序保护动作，故障后 1.8 s 跳 A 站 110 kV 母联 130 开关，110 kV 母联 130 开关跳闸后的短路电流分布如图 6 所示，故障后 2.3 s 由双回线路对侧开关零序电流Ⅱ段护动作，跳双回线路对侧开关 124、121、163、193 开关，将 A 站 110 kV Ⅰ母线与故障隔离，在故障后 3.2 s 由 A 站#2 主变零序电流Ⅱ段第一时限动作跳主变 102 开关切除故障。

4.2　220 kV 主变 110 kV 侧复压闭锁过流保护和距离保护

（1）220 kV 主变 110 kV 侧复压闭锁过流保护整定原则。

①复压闭锁过流保护Ⅰ段：

电流元件：a. 躲主变 110 kV 额定电流整定；

b. 与 110 kV 出线距离Ⅱ段时限配合。

时限元件：时间整定为 1.8 s（跳 110 kV 母联开关）。

②复压闭锁过流保护Ⅱ段：

电流元件：a. 躲主变 110 kV 额定电流整定；

b. 与 110 kV 出线距离Ⅲ段配合。

时限元件：第一时限整定为 4.5 s（跳 110 kV 本侧开关），第二时限整定为 5.0 s（跳主变三侧开关）。

（2）双回线路负荷侧开关距离Ⅲ段整定原则。

距离Ⅲ段：

① 保本线路末端短路有 2 灵敏度；

② 保 220 kV 站 110 kV 单回线路末端短路有 1.3 灵敏度；

③ 时间整定为 1.5 s。

（3）相间保护配合如图 9 所示。

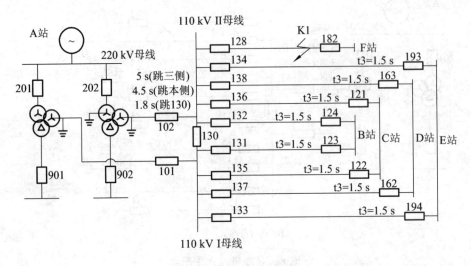

图 9　相间保护配合

（4）保护动作逻辑。

当 110 kVAF 线线路发生相间故障，AF 线 128 开关拒动，A 站#1、#2 主变复压闭锁过流保护动作，故障后 1.8 s 跳 A 站 110 kV 母联 130 开关，110 kV 母联 130 开关跳闸后短路电流分布如图 9 所示，故障后 3.3 s 由双回线路对侧开关距离Ⅲ段保护动作，跳双回线路对侧开关 124、121、163、193 开关，将 A 站 110 kVⅠ母线与故障隔离，在故障后 4.5 s 由 A 站#2 主变复压闭锁过流Ⅱ段第一时限动作跳主变 102 开关切除故障。

4.3　110 kV 系统增加接地点后保护方案的优缺点

优点：运行方式灵活。

缺点：保护整定困难和保护有失配的现象，主要表现在：① 主变零序保护、复压闭锁过流跳分段时限段与 110 kV 出线Ⅲ段保护时限不配合，若线路保护在Ⅰ、Ⅱ段不动作的情况下，主变零序保护、复压闭锁过流启动会跳 110 kV 分段开关；② 任一双回线路开关拒动都会发生 220 kV 变电站 110 kV 两段母线失压的电网大面积停电事故。

5　结　论

通过以上分析计算，220 kV 变电站再增加一台主变 110 kV 侧中性点接地的运行方式，采用调整保护方案的方法，可以解决 220 kV 变电站 110 kV 系统有双回线路出线接线，单回线路发生短路故障，故障线路保护或线路开关拒动，发生 220 kV 变电站 110 kV 两段母线失压的电网大面积停电事故。但存在保护方案复杂、保护失配以及必须保证双回线路对侧多个开关正确动作的问题，在实际运行中安全风险存在。建议从一次电网设备着手，改变电网运行方式的方法显得简单可靠，具体方案如下：

（1）双回线路直接上 220 kV 变电站 110 kV 一段母线并列运行；

（2）若负荷侧变电站安装有线路备自投装置：

① 对于所供负荷又较轻的线路，采用一备一用方式，负荷侧变电站投入线路备自投方式，220 kV 变电站侧线路开关分别上两段母线，提高供电可靠性；

② 对于所供负荷又较重的线路，采用线路变压器组运行方式，负荷侧变电站投入分段备自投装置，220 kV 变电站侧线路开关分别上两段母线，提高供电可靠性。

6 保护处置方案

关于防止在 220 kV 变电站 110 kV 系统有双回线路出线，并且双回线路分别上一段母线并列运行方式下，发生 220 kV 变电站 110 kV 单回线路短路故障，故障线路保护或故障线路开关拒动发生电网大面积停电事故的保护处置方案如下。

（1）加强主变中性点间隙的运行维护，严格按照规程、规定调试现场主变中性点间隙宽度，保证 110 kV 系统发生接地短路故障，在 110 kV 系统中性点丢失情况下，运行主变中性点间隙要可靠击穿。

（2）实现主变中性点间隙过流和间隙过压保护动作时限分别整定，主变中性点间隙过流时限按 1.2~2.0 s 整定。

（3）若双回线路所供 110 kV 变电站接有小电机组，则原则上要求：① 双回线路分列运行，在 110 kV 变电站侧安装备自投装置，实现线路备投以增加 110 kV 变电站供电可靠性；② 若 110 kV 变电站所供负荷较重，正常方式下不满足分列运行条件，则要求在 110 kV 变电站安装备自投装置，实现分段备投方式；③ 加强电网建设，转移负荷满足分列运行条件，并将此运行风险写入年度保护整定方案中。

（4）若双回线路所供 110 kV 变电站没接小电机组，220 kV 主变 110 kV 侧后备保护则按以下整定原则整定：① 220 kV 主变 110 kV 侧后备保护跳 110 kV 侧分段开关时限按与本站 110 kV 出线线路保护Ⅱ段时限配合整定（推荐整定 1.8 s）；② 220 kV 主变 110 kV 侧后备保护跳 110 kV 本侧开关或跳主变各侧开关段保护与原整定原则相同；③ 双回线路 110 kV 变电站侧开关线路零序保护Ⅱ段与 220 kV 变电站 110 kV 单回线路零序、距离保护Ⅲ段配合（推荐零序保护Ⅱ段时限整定为 0.5 s，距离保护Ⅱ段时限整定为 1.5 s）；④ 与 220 kV 变电站直接相连的 110 kV 单回线路对侧开关线路零序、距离保护Ⅱ段与 220 kV 变电站双回线路出线的 110 kV 变电站侧开关线路零序、距离保护Ⅱ段配合整定。